U0333931
1580242050

中华人民共和国国家标准

工程岩体试验方法标准

Standard for test methods of engineering rock mass

GB/T 50266 - 2013

主编部门：中 国 电 力 企 业 联 合 会
批准部门：中华人民共和国住房和城乡建设部
实行日期：2 0 1 3 年 9 月 1 日

中国计划出版社

2013 北 京

中华人民共和国国家标准

工程岩体试验方法标准

GB/T 50266-2013

☆

中国计划出版社出版发行

网址：www.jhpress.com

地址：北京市西城区木樨地北里甲11号国宏大厦C座3层

邮政编码：100038 电话：(010) 63906433（发行部）

三河富华印刷包装有限公司印刷

850mm×1168mm 1/32 4.125印张 104千字

2013年8月第1版 2023年1月第10次印刷

☆

统一书号：1580242·050

定价：26.00元

中华人民共和国住房和城乡建设部公告

第1633号

住房城乡建设部关于发布国家标准《工程岩体试验方法标准》的公告

现批准《工程岩体试验方法标准》为国家标准，编号为GB/T 50266—2013，自2013年9月1日起实施。原国家标准《工程岩体试验方法标准》GB/T 50266—1999同时废止。

本标准由我部标准定额研究所组织中国计划出版社出版发行。

中华人民共和国住房和城乡建设部

2013年1月28日

前　　言

本标准是根据住房和城乡建设部《关于印发〈2008年工程建设标准规范制订、修订计划(第二批)〉的通知》(建标标函〔2008〕35号)的要求,由中国水电顾问集团成都勘测设计研究院会同有关单位对原国家标准《工程岩体试验方法标准》GB/T 50266—1999进行修订而成。

本标准分为7章,包括:总则、岩块试验、岩体变形试验、岩体强度试验、岩石声波测试、岩体应力测试、岩体观测。

本次修订的主要技术内容包括:增加了岩块冻融试验、混凝土与岩体接触面直剪试验、岩体载荷试验、水压致裂法岩体应力试验、岩体表面倾斜观测、岩体渗压观测等试验项目,增加了水中称量法岩石颗粒密度试验、千分表法单轴压缩变形试验、方形承压板法岩体变形试验等试验方法。

本标准由住房和城乡建设部负责管理,由中国电力企业联合会负责日常管理,由中国水电顾问集团成都勘测设计研究院负责具体技术内容的解释。执行过程中如有意见或建议,请寄送中国水电顾问集团成都勘测设计研究院(地址:四川省成都浣花北路1号,邮政编码:610072)。

主 编 单 位:中国水电顾问集团成都勘测设计研究院
水电水利规划设计总院
中国电力企业联合会

参 编 单 位:水利部长江水利委员会长江科学院
中国科学院武汉岩土力学研究所
同济大学

中国水利水电科学研究院
铁道科学院
煤炭科学研究总院
交通运输部公路科学研究院

主要起草人: 王建洪　邬爱清　盛　谦　汤大明　胡建忠
刘怡林　曾纪全　尹健民　周火明　李海波
沈明荣　袁培进　刘艳青　贺如平　康红普
陈梦德

主要审查人: 董学晟　汪　毅　翁新雄　李晓新　侯红英
张建华　刘　艳　陈文华　朱绍友　廖建军
徐志纬　何永红　杨　建　唐纯华　王永年
席福来　和再良　杨　建　贾志欣　李光煜
汪家林　张家生　胡卸文　谢松林　谷明成
赵静波

目　　次

Contents

1 总 则

1.0.1 为统一工程岩体试验方法，提高试验成果的质量，增强试验成果的可比性，制定本标准。

1.0.2 本标准适用于地基、围岩、边坡以及填筑料的工程岩体试验。

1.0.3 工程岩体试验对象应具有地质代表性。试验内容、试验方法、技术条件等应符合工程建设勘测、设计、施工、质量检验的基本要求和特性。

1.0.4 工程岩体试验除应符合本标准外，尚应符合国家现行有关标准的规定。

2 岩块试验

2.1 含水率试验

2.1.1 各类岩石含水率试验均应采用烘干法。

2.1.2 岩石试件应符合下列要求：

1 保持天然含水率的试样应在现场采取，不得采用爆破法。试样在采取、运输、储存和制备试件过程中，应保持天然含水状态。其他试验需测含水率时，可采用试验完成后的试件制备。

2 试件最小尺寸应大于组成岩石最大矿物颗粒直径的10倍，每个试件的质量为40g～200g，每组试验试件的数量应为5个。

3 测定结构面充填物含水率时，应符合现行国家标准《土工试验方法标准》GB/T 50123的有关规定。

2.1.3 试件描述应包括下列内容：

1 岩石名称、颜色、矿物成分、结构、构造、风化程度、胶结物性质等。

2 为保持含水状态所采取的措施。

2.1.4 应包括下列主要仪器和设备：

1 烘箱和干燥器。

2 天平。

2.1.5 试验应按下列步骤进行：

1 应称试件烘干前的质量。

2 应将试件置于烘箱内，在105℃～110℃的温度下烘24h。

3 将试件从烘箱中取出，放入干燥器内冷却至室温，应称烘干后试件的质量。

4 称量应准确至0.01g。

2.1.6 试验成果整理应符合下列要求：

1　岩石含水率应按下式计算：

$$w = \frac{m_0 - m_s}{m_s} \times 100 \quad (2.1.6)$$

式中：w——岩石含水率(%)；

m_0——烘干前的试件质量(g)；

m_s——烘干后的试件质量(g)。

2　计算值应精确至0.01。

2.1.7　岩石含水率试验记录应包括工程名称、试件编号、试件描述、试件烘干前后的质量。

2.2　颗粒密度试验

2.2.1　岩石颗粒密度试验应采用比重瓶法或水中称量法。各类岩石均可采用比重瓶法，水中称量法应符合本标准第2.4节的规定。

2.2.2　岩石试件的制作应符合下列要求：

1　应将岩石用粉碎机粉碎成岩粉，使之全部通过0.25mm筛孔，并应用磁铁吸去铁屑。

2　对含有磁性矿物的岩石，应采用瓷研钵或玛瑙研钵粉碎，使之全部通过0.25mm筛孔。

2.2.3　试件描述应包括下列内容：

1　岩石粉碎前的名称、颜色、矿物成分、结构、构造、风化程度、胶结物性质等。

2　岩石的粉碎方法。

2.2.4　应包括下列主要仪器和设备：

1　粉碎机、瓷研钵或玛瑙研钵、磁铁块和孔径为0.25mm的筛。

2　天平。

3　烘箱和干燥器。

4　煮沸设备和真空抽气设备。

5 恒温水槽。

6 短颈比重瓶：容积100mL。

7 温度计：量程0℃～50℃，最小分度值0.5℃。

2.2.5 试验应按下列步骤进行：

1 应将制备好的岩粉置于105℃～110℃温度下烘干，烘干时间不应少于6h，然后放入干燥器内冷却至室温。

2 应用四分法取两份岩粉，每份岩粉质量应为15g。

3 应将岩粉装入烘干的比重瓶内，注入试液（蒸馏水或煤油）至比重瓶容积的一半处。对含水溶性矿物的岩石，应使用煤油作试液。

4 当使用蒸馏水作试液时，可采用煮沸法或真空抽气法排除气体。当使用煤油作试液时，应采用真空抽气法排除气体。

5 当采用煮沸法排除气体时，在加热沸腾后煮沸时间不应少于1h。

6 当采用真空抽气法排除气体时，真空压力表读数宜为当地大气压。抽气至无气泡逸出时，继续抽气时间不宜少于1h。

7 应将经过排除气体的试液注入比重瓶至近满，然后置于恒温水槽内，应使瓶内温度保持恒定并待上部悬液澄清。

8 应塞上瓶塞，使多余试液自瓶塞毛细孔中溢出，将瓶外擦干，应称瓶、试液和岩粉的总质量，并应测定瓶内试液的温度。

9 应洗净比重瓶，注入经排除气体并与试验同温度的试液至比重瓶内，应按本条第7、8款步骤称瓶和试液的质量。

10 称量应准确至0.001g，温度应准确至0.5℃。

2.2.6 试验成果整理应符合下列要求：

1 岩石颗粒密度应按下式计算：

$$\rho_s = \frac{m_s}{m_1 + m_s - m_2}\rho_{WT} \tag{2.2.6}$$

式中：ρ_s——岩石颗粒密度（g/cm³）；

m_s——烘干岩粉质量（g）；

m_1——瓶、试液总质量(g)；

m_2——瓶、试液、岩粉总质量(g)；

ρ_{WT}——与试验温度同温度的试液密度(g/cm^3)。

2 计算值应精确至 0.01。

3 颗粒密度试验应进行两次平行测定，两次测定的差值不应大于 0.02，颗粒密度应取两次测值的平均值。

2.2.7 岩石颗粒密度试验记录应包括工程名称、试件编号、试件描述、比重瓶编号、试液温度、试液密度、干岩粉质量、瓶和试液总质量，以及瓶、试液和岩粉总质量。

2.3 块体密度试验

2.3.1 岩石块体密度试验可采用量积法、水中称量法或蜡封法，并应符合下列要求：

1 凡能制备成规则试件的各类岩石，宜采用量积法。

2 除遇水崩解、溶解和干缩湿胀的岩石外，均可采用水中称量法。水中称量法试验应符合本标准第 2.4 节的规定。

3 不能用量积法或水中称量法进行测定的岩石，宜采用蜡封法。

4 本标准用水采用洁净水，水的密度取为 $1g/cm^3$。

2.3.2 量积法岩石试件应符合下列要求：

1 试件尺寸应大于岩石最大矿物颗粒直径的 10 倍，最小尺寸不宜小于 50mm。

2 试件可采用圆柱体、方柱体或立方体。

3 沿试件高度、直径或边长的误差不应大于 0.3mm。

4 试件两端面不平行度误差不应大于 0.05mm。

5 试件端面应垂直试件轴线，最大偏差不得大于 0.25°。

6 方柱体或立方体试件相邻两面应互相垂直，最大偏差不得大于 0.25°。

2.3.3 蜡封法试件宜为边长 40mm～60mm 的浑圆状岩块。

2.3.4 测湿密度每组试验试件数量应为5个，测干密度每组试验试件数量应为3个。

2.3.5 试件描述应包括下列内容：

1 岩石名称、颜色、矿物成分、结构、构造、风化程度、胶结物性质等。

2 节理裂隙的发育程度及其分布。

3 试件的形态。

2.3.6 应包括下列主要仪器和设备：

1 钻石机、切石机、磨石机和砂轮机等。

2 烘箱和干燥器。

3 天平。

4 测量平台。

5 熔蜡设备。

6 水中称量装置。

7 游标卡尺。

2.3.7 量积法试验应按下列步骤进行：

1 应量测试件两端和中间三个断面上相互垂直的两个直径或边长，应按平均值计算截面积。

2 应量测两端面周边对称四点和中心点的五个高度，计算高度平均值。

3 应将试件置于烘箱中，在105℃～110℃温度下烘24h，取出放入干燥器内冷却至室温，应称烘干试件质量。

4 长度量测应准确至0.02mm，称量应准确至0.01g。

2.3.8 蜡封法试验应按下列步骤进行：

1 测湿密度时，应取有代表性的岩石制备试件并称量；测干密度时，试件应在105℃～110℃温度下烘24h，取出放入干燥器内冷却至室温，应称烘干试件质量。

2 应将试件系上细线，置于温度60℃左右的熔蜡中约1s～2s，使试件表面均匀涂上一层蜡膜，其厚度约1mm。当试件上蜡膜有气泡时，应用热针刺穿并用蜡液涂平，待冷却后应称蜡封试件质量。

3 应将蜡封试件置于水中称量。

4 取出试件，应擦干表面水分后再次称量。当浸水后的蜡封试件质量增加时，应重做试验。

5 湿密度试件在剥除密封蜡膜后，应按本标准第2.1.5条的步骤，测定岩石含水率。

6 称量应准确至0.01g。

2.3.9 试验成果整理应符合下列要求：

1 采用量积法，岩石块体干密度应按下式计算：

$$\rho_d = \frac{m_s}{AH} \tag{2.3.9-1}$$

式中：ρ_d——岩石块体干密度（g/cm^3）；

m_s——烘干试件质量（g）；

A——试件截面积（cm^2）；

H——试件高度（cm）。

2 采用蜡封法，岩石块体干密度和块体湿密度应分别按下列公式计算：

$$\rho_d = \frac{m_s}{\dfrac{m_1 - m_2}{\rho_w} - \dfrac{m_1 - m_s}{\rho_p}} \tag{2.3.9-2}$$

$$\rho = \frac{m}{\dfrac{m_1 - m_2}{\rho_w} - \dfrac{m_1 - m}{\rho_p}} \tag{2.3.9-3}$$

式中：ρ——岩石块体湿密度（g/cm^3）；

m——湿试件质量（g）；

m_1——蜡封试件质量（g）；

m_2——蜡封试件在水中的称量（g）；

ρ_w——水的密度（g/cm^3）；

ρ_p——蜡的密度（g/cm^3）；

w——岩石含水率(%)。

3 岩石块体湿密度换算成岩石块体干密度时,应按下式计算:

$$\rho_d = \frac{\rho}{1 + 0.01w} \quad (2.3.9\text{-}4)$$

4 计算值应精确至0.01。

2.3.10 岩石密度试验记录应包括工程名称、试件编号、试件描述、试验方法、试件质量、试件水中称量、试件尺寸、水的密度、蜡的密度。

2.4 吸水性试验

2.4.1 岩石吸水性试验应包括岩石吸水率试验和岩石饱和吸水率试验,并应符合下列要求:

1 岩石吸水率应采用自由浸水法测定。

2 岩石饱和吸水率应采用煮沸法或真空抽气法强制饱和后测定。岩石饱和吸水率应在岩石吸水率测定后进行。

3 在测定岩石吸水率与饱和吸水率的同时,宜采用水中称量法测定岩石块体干密度和岩石颗粒密度。

4 凡遇水不崩解、不溶解和不干缩膨胀的岩石,可采用本标准。

5 试验用水应采用洁净水,水的密度应取为$1g/cm^3$。

2.4.2 岩石试件应符合下列要求:

1 规则试件应符合本标准第2.3.2条的要求。

2 不规则试件宜采用边长为40mm~60mm的浑圆状岩块。

3 每组试验试件的数量应为3个。

2.4.3 试件描述应符合本标准第2.3.5条的规定。

2.4.4 应包括下列主要仪器和设备:

1 钻石机、切石机、磨石机和砂轮机等。

2 烘箱和干燥器。

3 天平。

4 水槽。

5 真空抽气设备和煮沸设备。

6 水中称量装置。

2.4.5 试验应按下列步骤进行：

1 应将试件置于烘箱内，在105℃～110℃温度下烘24h，取出放入干燥器内冷却至室温后应称量。

2 当采用自由浸水法时，应将试件放入水槽，先注水至试件高度的1/4处，以后每隔2h分别注水至试件高度的1/2和3/4处，6h后全部浸没试件。试件应在水中自由吸水48h后取出，并沾去表面水分后称量。

3 当采用煮沸法饱和试件时，煮沸容器内的水面应始终高于试件，煮沸时间不得少于6h。经煮沸的试件应放置在原容器中冷却至室温，取出并沾去表面水分后称量。

4 当采用真空抽气法饱和试件时，饱和容器内的水面应高于试件，真空压力表读数宜为当地大气压值。抽气直至无气泡逸出为止，但抽气时间不得少于4h。经真空抽气的试件，应放置在原容器中，在大气压力下静置4h，取出并沾去表面水分后称量。

5 应将经煮沸或真空抽气饱和的试件置于水中称量装置上，称其在水中的称量。

6 称量应准确至0.01g。

2.4.6 试验成果整理应符合下列要求：

1 岩石吸水率、饱和吸水率、块体干密度和颗粒密度应分别按下列公式计算：

$$\omega_{a} = \frac{m_{0} - m_{s}}{m_{s}} \times 100 \tag{2.4.6-1}$$

$$\omega_{sa} = \frac{m_{p} - m_{s}}{m_{s}} \times 100 \tag{2.4.6-2}$$

$$\rho_{d} = \frac{m_{s}}{m_{p} - m_{w}} \rho_{w} \tag{2.4.6-3}$$

$$\rho_s = \frac{m_s}{m_s - m_w}\rho_w \qquad (2.4.6\text{-}4)$$

式中：ω_a——岩石吸水率(%)；

ω_{sa}——岩石饱和吸水率(%)；

m_0——试件浸水48h后的质量(g)；

m_s——烘干试件质量(g)；

m_p——试件经强制饱和后的质量(g)；

m_w——强制饱和试件在水中的称量(g)；

ρ_w——水的密度(g/cm^3)。

2 计算值应精确至0.01。

2.4.7 岩石吸水性试验记录应包括工程名称、试件编号、试件描述、试验方法、烘干试件质量、浸水后质量、强制饱和后质量、强制饱和试件在水中称量、水的密度。

2.5 膨胀性试验

2.5.1 岩石膨胀性试验应包括岩石自由膨胀率试验、岩石侧向约束膨胀率试验和岩石体积不变条件下的膨胀压力试验，并应符合下列要求：

1 遇水不易崩解的岩石可采用岩石自由膨胀率试验，遇水易崩解的岩石不应采用岩石自由膨胀率试验。

2 各类岩石均可采用岩石侧向约束膨胀率试验和岩石体积不变条件下的膨胀压力试验。

2.5.2 试样应在现场采取，并应保持天然含水状态，不得采用爆破法取样。

2.5.3 岩石试件应符合下列要求：

1 试件应采用干法加工。

2 圆柱体自由膨胀率试验的试件的直径宜为48mm～65mm，试件高度宜等于直径，两端面应平行；正方体自由膨胀率试验的试件的边长宜为48mm～65mm，各相对面应平行。每组试验试件的数量应为3个。

3 侧向约束膨胀率试验和保持体积不变条件下的膨胀压力试验的试件高度不应小于20mm，或不应大于组成岩石最大矿物颗粒直径的10倍，两端面应平行。试件直径宜为50mm～65mm，试件直径应小于金属套环直径0.0mm～0.1mm。同一膨胀方向每组试验试件的数量应为3个。

2.5.4 试件描述应包括下列内容：

1 岩石名称、颜色、矿物成分、结构、构造、风化程度、胶结物性质等。

2 膨胀变形和加载方向分别与层理、片理、节理裂隙之间的关系。

3 试件加工方法。

2.5.5 应包括下列主要仪器和设备：

1 钻石机、切石机、磨石机等。

2 测量平台。

3 自由膨胀率试验仪。

4 侧向约束膨胀率试验仪。

5 膨胀压力试验仪。

6 温度计。

2.5.6 自由膨胀率试验应按下列步骤进行：

1 应将试件放入自由膨胀率试验仪内，在试件上、下端分别放置透水板，顶部放置一块金属板。

2 应在试件上部和四侧对称的中心部位安装千分表，分别量测试件的轴向变形和径向变形。四侧千分表与试件接触处宜放置一块薄铜片。

3 记录千分表读数，应每隔10min测读变形1次，直至3次读数不变。

4 应缓慢地向盛水容器内注入蒸馏水，直至淹没上部透水板，并立即读数。

5 应在第1h内，每隔10min测读变形1次，以后每隔1h测读变形1次，直至所有千分表的3次读数差不大于0.001mm为止，但浸水后的试验时间不得少于48h。

6 在试验加水后，应保持水位不变，水温变化不得大于2℃。

7 在试验过程中及试验结束后，应详细描述试件的崩解、开裂、掉块、表面泥化或软化现象。

2.5.7 侧向约束膨胀率试验应按下列步骤进行：

1 应将试件放入内壁涂有凡士林的金属套环内，应在试件上、下端分别放置薄型滤纸和透水板。

2 顶部应放上固定金属载荷块并安装垂直千分表。金属载荷块的质量应能对试件产生5kPa的持续压力。

3 试验及稳定标准应符合本标准第2.5.6条中第3款至第6款步骤。

4 试验结束后，应描述试件的泥化和软化现象。

2.5.8 体积不变条件下的膨胀压力试验应按下列步骤进行：

1 应将试件放入内壁涂有凡士林的金属套环内，并应在试件上、下端分别放置薄型滤纸和金属透水板。

2 按膨胀压力试验仪的要求，应安装加压系统和量测试件变形的千分表。

3 应使仪器各部位和试件在同一轴线上，不应出现偏心载荷。

4 应对试件施加10kPa压力的载荷，应记录千分表和测力计读数，每隔10min测读1次，直至3次读数不变。

5 应缓慢地向盛水容器内注入蒸馏水，直至淹没上部金属透水板，观测千分表的变化。当变形量大于0.001mm时，应调节所施加的载荷，应使试件膨胀变形或试件厚度在整个试验过程中始终保持不变，并应记录测力计读数。

6 开始时应每隔10min读数一次，连续3次读数差小于0.001mm时，应改为每1h读数一次；当每1h读数连续3次读数差小于0.001mm时，可认为稳定并应记录试验载荷。浸水后总的试验时间不得少于48h。

7 在试验加水后，应保持水位不变。水温变化不得大于2℃。

8 试验结束后，应描述试件的泥化和软化现象。

2.5.9 试验成果整理应符合下列要求：

1 岩石轴向自由膨胀率、径向自由膨胀率、侧向约束膨胀率和体积不变条件下的膨胀压力应分别按下列公式计算：

$$V_{H}=\frac{\Delta H}{H}\times 100 \tag{2.5.9-1}$$

$$V_{D}=\frac{\Delta D}{D}\times 100 \tag{2.5.9-2}$$

$$V_{HP}=\frac{\Delta H_{1}}{H}\times 100 \tag{2.5.9-3}$$

$$p_{e}=\frac{F}{A} \tag{2.5.9-4}$$

式中：V_H——岩石轴向自由膨胀率(%)；

V_D——岩石径向自由膨胀率(%)；

V_{HP}——岩石侧向约束膨胀率(%)；

p_e——体积不变条件下的岩石膨胀压力(MPa)；

ΔH——试件轴向变形值(mm)；

H——试件高度(mm)；

ΔD——试件径向平均变形值(mm)；

D——试件直径或边长(mm)；

ΔH_1——有侧向约束试件的轴向变形值(mm)；

F——轴向载荷(N)；

A——试件截面积(mm^2)。

2 计算值应取3位有效数字。

2.5.10 岩石膨胀性试验记录应包括工程名称、取样位置、试件编号、试件描述、试件尺寸、试验方法、温度、试验时间、轴向变形、径向变形和轴向载荷。

2.6 耐崩解性试验

2.6.1 遇水易崩解岩石可采用岩石耐崩解性试验。

2.6.2 岩石试件应符合下列要求：

1 应在现场采取保持天然含水状态的试样并密封。

2 试件应制成浑圆状，且每个质量应为40g～60g。

3 每组试验试件的数量应为10个。

2.6.3 试件描述应包括岩石名称、颜色、矿物成分、结构、构造、风化程度、胶结物性质等。

2.6.4 应包括下列主要仪器和设备：

1 烘箱和干燥器。

2 天平。

3 耐崩解性试验仪(由动力装置、圆柱形筛筒和水槽组成，其中圆柱形筛筒长100mm、直径140mm、筛孔直径2mm)。

4 温度计。

2.6.5 试验应按下列步骤进行：

1 应将试件装入耐崩解试验仪的圆柱形筛筒内，在105℃～110℃的温度下烘24h，取出后应放入干燥器内冷却至室温称量。

2 应将装有试件的筛筒放入水槽，向水槽内注入蒸馏水，水面应在转动轴下约20mm。筛筒以20r/min的转速转动10min后，应将装有残留试件的筛筒在105℃～110℃的温度下烘24h，在干燥器内冷却至室温称量。

3 重复本条第2款的步骤，应求得第二次循环后的筛筒和残留试件质量。根据需要，可进行5次循环。

4 试验过程中，水温应保持在20℃±2℃范围内。

5 试验结束后，应对残留试件、水的颜色和水中沉淀物进行描述。根据需要，应对水中沉淀物进行颗粒分析、界限含水率测定和黏土矿物成分分析。

6 称量应准确至0.01g。

2.6.6 试验成果整理应符合下列要求：

1 岩石二次循环耐崩解性指数应按下式计算：

$$I_{d2}=\frac{m_r}{m_s}\times 100 \tag{2.6.6}$$

式中：I_{d2}——岩石二次循环耐崩解性指数(%)；

m_s——原试件烘干质量(g)；

m_r——残留试件烘干质量(g)。

2 计算值应取3位有效数字。

2.6.7 岩石耐崩解性试验记录应包括工程名称、取样位置、试件编号、试件描述、水的温度、循环次数、试件在试验前后的烘干质量。

2.7 单轴抗压强度试验

2.7.1 能制成圆柱体试件的各类岩石均可采用岩石单轴抗压强度试验。

2.7.2 试件可用钻孔岩心或岩块制备。试样在采取、运输和制备过程中，应避免产生裂缝。

2.7.3 试件尺寸应符合下列规定：

1 圆柱体试件直径宜为48mm～54mm。

2 试件的直径应大于岩石中最大颗粒直径的10倍。

3 试件高度与直径之比宜为2.0～2.5。

2.7.4 试件精度应符合下列要求：

1 试件两端面不平行度误差不得大于0.05mm。

2 沿试件高度，直径的误差不得大于0.3mm。

3 端面应垂直于试件轴线，偏差不得大于0.25°。

2.7.5 试验的含水状态，可根据需要选择天然含水状态、烘干状态、饱和状态或其他含水状态。试件烘干和饱和方法应符合本标准第2.4.5条的规定。

2.7.6 同一含水状态和同一加载方向下，每组试验试件的数量应为3个。

2.7.7 试件描述应包括下列内容：

1 岩石名称、颜色、矿物成分、结构、构造、风化程度、胶结物性质等。

2 加载方向与岩石试件层理、节理、裂隙的关系。

3 含水状态及所使用的方法。

4 试件加工中出现的现象。

2.7.8 应包括下列主要仪器和设备：

1 钻石机、切石机、磨石机和车床等。

2 测量平台。

3 材料试验机。

2.7.9 试验应按下列步骤进行：

1 应将试件置于试验机承压板中心，调整球形座，使试件两端面与试验机上下压板接触均匀。

2 应以每秒0.5MPa～1.0MPa的速度加载直至试件破坏。应记录破坏载荷及加载过程中出现的现象。

3 试验结束后，应描述试件的破坏形态。

2.7.10 试验成果整理应符合下列要求：

1 岩石单轴抗压强度和软化系数应分别按下列公式计算：

$$R = \frac{P}{A} \tag{2.7.10-1}$$

$$\eta = \frac{\bar{R}_{w}}{\bar{R}_{d}} \tag{2.7.10-2}$$

式中：R——岩石单轴抗压强度(MPa)；

η——软化系数；

P——破坏载荷(N)；

A——试件截面积(mm^2)；

$\bar{R}_{w}$——岩石饱和单轴抗压强度平均值(MPa)；

$\overline{R}_d$——岩石烘干单轴抗压强度平均值(MPa)。

2 岩石单轴抗压强度计算值应取 3 位有效数字，岩石软化系数计算值应精确至 0.01。

2.7.11 岩石单轴抗压强度试验记录应包括工程名称、取样位置、试件编号、试件描述、含水状态、受力方向、试件尺寸和破坏载荷。

2.8 冻 融 试 验

2.8.1 岩石冻融试验应采用直接冻融法，能制成圆柱体试件的各类岩石均可采用直接冻融法。

2.8.2 岩石试件应符合本标准第 2.7.2 条至第 2.7.5 条的要求。

2.8.3 同一加载方向下，每组试验试件的数量应为 6 个。

2.8.4 试件描述应符合本标准第 2.7.7 条的要求。

2.8.5 应包括下列主要仪器和设备：

1 天平。

2 冷冻温度能达到−24℃的冰箱或低温冰柜、冷冻库。

3 白铁皮盒和铁丝架。

4 其他应符合本标准第 2.7.8 条的要求。

2.8.6 试验应按下列步骤进行：

1 应将试件烘干，应称试验前试件的烘干质量。再将试件进行强制饱和，并应称试件的饱和质量。试件进行烘干和强制饱和方法应符合本标准第 2.4.5 条的规定。

2 应取 3 个经强制饱和的试件进行冻融前的单轴抗压强度试验。

3 应将另 3 个经强制饱和的试件放入铁皮盒内的铁丝架中，把铁皮盒放入冰箱或冰柜或冷冻库内，应在−20℃±2℃温度下冻 4h，然后取出铁皮盒，应往盒内注水浸没试件，使水温保持在 20℃±2℃下融解 4h，即为一个冻融循环。

4 冻融循环次数应为 25 次。根据需要，冻融循环次数也可采用 50 次或 100 次。

5 每进行一次冻融循环,应详细检查各试件有无掉块、裂缝等,应观察其破坏过程。冻融循环结束后应作一次总的检查,并应作详细记录。

6 冻融循环结束后,应把试件从水中取出,应沾干表面水分后称其质量,进行单轴抗压强度试验。

7 单轴抗压强度试验应符合本标准第2.7.9条的规定。

8 称量应准确至0.01g。

2.8.7 试验成果整理应符合下列要求:

1 岩石冻融质量损失率、岩石冻融单轴抗压强度和岩石冻融系数应分别按下列公式计算:

$$M=\frac{m_{p}-m_{fm}}{m_{s}}\times 100 \tag{2.8.7-1}$$

$$R_{fm}=\frac{P}{A} \tag{2.8.7-2}$$

$$K_{fm}=\frac{\overline{R}_{fm}}{\overline{R}_{w}} \tag{2.8.7-3}$$

式中:M——岩石冻融质量损失率(%);

R_{fm}——岩石冻融单轴抗压强度(MPa);

K_{fm}——岩石冻融系数;

m_{p}——冻融前饱和试件质量(g);

m_{fm}——冻融后试件质量(g);

m_{s}——试验前烘干试件质量(g);

$\overline{R}_{fm}$——冻融后岩石单轴抗压强度平均值(MPa);

$\overline{R}_{w}$——岩石饱和单轴抗压强度平均值(MPa)。

2 岩石冻融质量损失率和岩石冻融单轴抗压强度计算值应取3位有效数字,岩石冻融系数计算值应精确至0.01。

2.8.8 岩石冻融试验记录应包括工程名称、取样位置、试件编号、试件描述、试件尺寸、烘干试件质量、饱和试件质量、冻融后试件质量、破坏载荷。

2.9 单轴压缩变形试验

2.9.1 岩石单轴压缩变形试验应采用电阻应变片法或千分表法，能制成圆柱体试件的各类岩石均可采用电阻应变片法或千分表法。

2.9.2 岩石试件应符合本标准第2.7.2条至第2.7.6条的要求。

2.9.3 试件描述应符合本标准第2.7.7条的要求。

2.9.4 应包括下列主要仪器和设备：

1 静态电阻应变仪。

2 惠斯顿电桥、兆欧表、万用电表。

3 电阻应变片、千（百）分表。

4 千分表架、磁性表架。

5 其他应符合本标准第2.7.8条的要求。

2.9.5 电阻应变片法试验应按下列步骤进行：

1 选择电阻应变片时，应变片阻栅长度应大于岩石最大矿物颗粒直径的10倍，并应小于试件半径；同一试件所选定的工作片与补偿片的规格、灵敏系数等应相同，电阻值允许偏差为0.2Ω。

2 贴片位置应选择在试件中部相互垂直的两对称部位，应以相对面为一组，分别粘贴轴向、径向应变片，并应避开裂隙或斑晶。

3 贴片位置应打磨平整光滑，并应用清洗液清洗干净。各种含水状态的试件，应在贴片位置的表面均匀地涂一层防底潮胶液，厚度不宜大于0.1mm，范围应大于应变片。

4 应变片应牢固地粘贴在试件上，轴向或径向应变片的数量可采用2片或4片，其绝缘电阻值不应小于200MΩ。

5 在焊接导线后，可在应变片上作防潮处理。

6 应将试件置于试验机承压板中心，调整球形座，使试件受力均匀，并应测初始读数。

7 加载宜采用一次连续加载法。应以每秒0.5MPa～1.0MPa的速度加载，逐级测读载荷与各应变片应变值直至试件破坏，应记录破坏载荷。测值不宜少于10组。

8 应记录加载过程及破坏时出现的现象，并应对破坏后的试件进行描述。

2.9.6 千分表法试验应按下列步骤进行：

1 千分表架应固定在试件预定的标距上，在表架上的对称部位应分别安装量测试件轴向或径向变形的测表。标距长度和试件直径应大于岩石最大矿物颗粒直径的10倍。

2 对于变形较大的试件，可将试件置于试验机承压板中心，应将磁性表架对称安装在下承压板上，量测试件轴向变形的测表表头应对称，应直接与上承压板接触。量测试件径向变形的测表表头应直接与试件中部表面接触，径向测表应分别安装在试件直径方向的对称位置上。

3 量测轴向或径向变形的测表可采用2只或4只。

4 其他应符合本标准第2.9.5条中第6款至第8款试验步骤。

2.9.7 试验成果整理应符合下列要求：

1 岩石单轴抗压强度应按本标准式(2.7.10-1)计算。

2 各级应力应按下式计算：

$$\sigma = \frac{P}{A} \tag{2.9.7-1}$$

式中：σ——各级应力(MPa)；

P——与所测各组应变值相应的载荷(N)。

3 千分表各级应力的轴向应变值、与ε_l同应力的径向应变值应分别按下列公式计算：

$$\varepsilon_l = \frac{\Delta L}{L} \tag{2.9.7-2}$$

$$\varepsilon_d = \frac{\Delta D}{D} \tag{2.9.7-3}$$

式中：ε_l——各级应力的轴向应变值；

ε_d——与ε_l同应力的径向应变值；

ΔL——各级载荷下的轴向变形平均值(mm);

ΔD——与 ΔL 同载荷下径向变形平均值(mm);

L——轴向测量标距或试件高度(mm);

D——试件直径(mm)。

4 应绘制应力与轴向应变及径向应变关系曲线。

5 岩石平均弹性模量和岩石平均泊松比应分别按下列公式计算:

$$E_{av} = \frac{\sigma_b - \sigma_a}{\varepsilon_{lb} - \varepsilon_{la}} \tag{2.9.7-4}$$

$$\mu_{av} = \frac{\varepsilon_{db} - \varepsilon_{da}}{\varepsilon_{lb} - \varepsilon_{la}} \tag{2.9.7-5}$$

式中:E_{av}——岩石平均弹性模量(MPa);

μ_{av}——岩石平均泊松比;

σ_a——应力与轴向应变关系曲线上直线段始点的应力值(MPa);

σ_b——应力与轴向应变关系曲线上直线段终点的应力值(MPa);

ε_{la}——应力为 σ_a 时的轴向应变值;

ε_{lb}——应力为 σ_b 时的轴向应变值;

ε_{da}——应力为 σ_a 时的径向应变值;

ε_{db}——应力为 σ_b 时的径向应变值。

6 岩石割线弹性模量及相应的岩石泊松比应分别按下列公式计算:

$$E_{50} = \frac{\sigma_{50}}{\varepsilon_{l50}} \tag{2.9.7-6}$$

$$\mu_{50} = \frac{\varepsilon_{d50}}{\varepsilon_{l50}} \tag{2.9.7-7}$$

式中:E_{50}——岩石割线弹性模量(MPa);

μ_{50}——岩石泊松比;

σ_{50}——相当于岩石单轴抗压强度 50%时的应力值(MPa);

ε_{l50}——应力为σ_{50}时的轴向应变值；

ε_{d50}——应力为σ_{50}时的径向应变值。

7 岩石弹性模量值应取3位有效数字，岩石泊松比计算值应精确至0.01。

2.9.8 岩石单轴压缩变形试验记录应包括工程名称、取样位置、试件编号、试件描述、试件尺寸、含水状态、受力方向、试验方法、各级载荷下的应力及轴向和径向变形值或应变值、破坏载荷。

2.10 三轴压缩强度试验

2.10.1 岩石三轴压缩强度试验应采用等侧向压力，能制成圆柱体试件的各类岩石均可采用等侧向压力三轴压缩强度试验。

2.10.2 岩石试件应符合下列要求：

1 圆柱体试件直径应为试验机承压板直径的0.96～1.00。试件高度与直径之比宜为2.0～2.5。

2 同一含水状态和同一加载方向下，每组试验试件的数量应为5个。

3 其他应符合本标准第2.7.2条至第2.7.5条的要求。

2.10.3 试件描述应符合本标准2.7.7条的要求。

2.10.4 应包括下列主要仪器和设备：

1 钻石机、切石机、磨石机和车床等。

2 测量平台。

3 三轴试验机。

2.10.5 试验应按下列步骤进行：

1 各试件侧压力可按等差级数或等比级数进行选择。最大侧压力应根据工程需要和岩石特性及三轴试验机性能确定。

2 应根据三轴试验机要求安装试件和轴向变形测表。试件应采用防油措施。

3 应以每秒0.05MPa的加载速度同步施加侧向压力和轴向压力至预定的侧压力值，应记录试件轴向变形值并作为初始值。

在试验过程中应使侧向压力始终保持为常数。

4 加载应采用一次连续加载法。应以每秒 0.5MPa～1.0MPa 的加载速度施加轴向载荷，应逐级测读轴向载荷及轴向变形，直至试件破坏，并应记录破坏载荷。测值不宜少于 10 组。

5 按本条第 2 款～4 款步骤，应进行其余试件在不同侧压力下的试验。

6 应对破坏后的试件进行描述。当有完整的破坏面时，应量测破坏面与试件轴线方向的夹角。

2.10.6 试验成果整理符合下列要求：

1 不同侧压条件下的最大主应力应按下式计算：

$$\sigma_1 = \frac{P}{A} \tag{2.10.6-1}$$

式中：σ_1——不同侧压条件下的最大主应力(MPa)；

P——不同侧压条件下的试件轴向破坏载荷(N)。

A——试件截面积(mm^2)。

2 应根据计算的最大主应力 σ_1 及相应施加的侧向压力 σ_3，在 $\tau-\sigma$ 坐标图上绘制莫尔应力圆；应根据莫尔—库伦强度准则确定岩石在三向应力状态下的抗剪强度参数，应包括摩擦系数 f 和黏聚力 c 值。

3 抗剪强度参数也可采用下述方法予以确定。应在以 σ_1 为纵坐标和 σ_3 为横坐标的坐标图上，根据各试件的 σ_1、σ_3 值，点绘出各试件的坐标点，并应建立下列线性方程式：

$$\sigma_1 = F\sigma_3 + R \tag{2.10.6-2}$$

式中：F——$\sigma_1-\sigma_3$ 关系曲线的斜率；

R——$\sigma_1-\sigma_3$ 关系曲线在 σ_1 轴上的截距，等同于试件的单轴抗压强度(MPa)。

4 根据参数 F、R，莫尔—库伦强度准则参数分别按下列公式计算：

$$f = \frac{F-1}{2\sqrt{F}} \tag{2.10.6-3}$$

$$c = \frac{R}{2\sqrt{F}} \tag{2.10.6-4}$$

式中：f——摩擦系数；

c——黏聚力(MPa)。

2.10.7 岩石三轴压缩强度试验记录应包括工程名称、取样位置、试件编号、试件描述、试件尺寸、含水状态、受力方向、各侧压力下的各级轴向载荷及轴向变形、破坏载荷。

2.11 抗拉强度试验

2.11.1 岩石抗拉强度试验应采用劈裂法，能制成规则试件的各类岩石均可采用劈裂法。

2.11.2 岩石试件应符合下列要求：

1 圆柱体试件的直径宜为48mm～54mm。试件厚度宜为直径的0.5倍～1.0倍，并应大于岩石中最大颗粒直径的10倍。

2 其他应符合本标准第2.7.2条、第2.7.4条至第2.7.6条的要求。

2.11.3 岩石试件描述应符合本标准第2.7.7条的要求。

2.11.4 主要仪器设备应符合本标准第2.7.8条的要求。

2.11.5 试验应按下列步骤进行：

1 应根据要求的劈裂方向，通过试件直径的两端，沿轴线方向应画两条相互平行的加载基线，应将2根垫条沿加载基线固定在试件两侧。

2 应将试件置于试验机承压板中心，调整球形座，应使试件均匀受力，并使垫条与试件在同一加载轴线上。

3 应以每秒0.3MPa～0.5MPa的速度加载直至破坏。

4 应记录破坏载荷及加载过程中出现的现象，并应对破坏后的试件进行描述。

2.11.6 试验成果整理应符合下列要求：

1 岩石抗拉强度应按下式计算：

$$\sigma_t = \frac{2P}{\pi Dh} \tag{2.11.6}$$

式中：σ_t——岩石抗拉强度(MPa)；

P——试件破坏载荷(N)；

D——试件直径(mm)；

h——试件厚度(mm)。

2　计算值应取3位有效数字。

2.11.7　岩石抗拉强度试验的记录应包括工程名称、取样位置、试件编号、试件描述、试件尺寸、破坏载荷等。

2.12　直　剪　试　验

2.12.1　岩石直剪试验应采用平推法。各类岩石、岩石结构面以及混凝土与岩石接触面均可采用平推法直剪试验。

2.12.2　试样应在现场采取，在采取、运输、储存和制备过程中，应防止产生裂隙和扰动。

2.12.3　岩石试件应符合下列要求：

1　岩石直剪试验试件的直径或边长不得小于50mm，试件高度应与直径或边长相等。

2　岩石结构面直剪试验试件的直径或边长不得小于50mm，试件高度宜与直径或边长相等。结构面应位于试件中部。

3　混凝土与岩石接触面直剪试验试件宜为正方体，其边长不宜小于150mm。接触面应位于试件中部，浇筑前岩石接触面的起伏差宜为边长的1%～2%。混凝土应按预定的配合比浇筑，骨料的最大粒径不得大于边长的1/6。

2.12.4　试验的含水状态，可根据需要选择天然含水状态、饱和状态或其他含水状态。

2.12.5　每组试验试件的数量应为5个。

2.12.6　试件描述应包括下列内容：

1　岩石名称、颜色、矿物成分、结构、构造、风化程度、胶结物性质等。

2　层理、片理、节理裂隙的发育程度及其与剪切方向的关系。

3　结构面的充填物性质、充填程度以及试样采取和试件制备过程中受扰动的情况。

2.12.7　应包括下列主要仪器和设备：

1　试件制备设备。

2　试件饱和与养护设备。

3　应力控制式平推法直剪试验仪。

4　位移测表。

2.12.8　试件安装应符合下列规定：

1　应将试件置于直剪仪的剪切盒内，试件受剪方向宜与预定受力方向一致，试件与剪切盒内壁的间隙用填料填实，应使试件与剪切盒成为一整体。预定剪切面应位于剪切缝中部。

2　安装试件时，法向载荷和剪切载荷的作用力方向应通过预定剪切面的几何中心。法向位移测表和剪切位移测表应对称布置，各测表数量不得少于2只。

3　预留剪切缝宽度应为试件剪切方向长度的5%，或为结构面充填物的厚度。

4　混凝土与岩石接触面试件，应达到预定混凝土强度等级。

2.12.9　法向载荷施加应符合下列规定：

1　在每个试件上分别施加不同的法向载荷，对应的最大法向应力值不宜小于预定的法向应力。各试件的法向载荷，宜根据最大法向载荷等分确定。

2　在施加法向载荷前，应测读各法向位移测表的初始值。应每10min测读一次，各个测表三次读数差值不超过0.02mm时，可施加法向载荷。

3　对于岩石结构面中含有充填物的试件，最大法向载荷应以不挤出充填物为宜。

4　对于不需要固结的试件，法向载荷可一次施加完毕；施加完毕法向荷载应测读法向位移,5min 后应再测读一次,即可施加剪切载荷。

5 对于需要固结的试件,应按充填物的性质和厚度分 1～3 级施加。在法向载荷施加至预定值后的第一小时内,应每隔 15min 读数一次;然后每 30min 读数一次。当各个测表每小时法向位移不超过 0.05mm 时,应视作固结稳定,即可施加剪切载荷。

6 在剪切过程中,应使法向载荷始终保持恒定。

2.12.10 剪切载荷施加应符合下列规定:

1 应测读各位移测表读数,必要时可调整测表读数。根据需要,可调整剪切千斤顶位置。

2 根据预估最大剪切载荷,宜分 8 级～12 级施加。每级载荷施加后,即应测读剪切位移和法向位移,5min 后再测读一次,即可施加下一级剪切载荷直至破坏。当剪切位移量增幅变大时,可适当加密剪切载荷分级。

3 试件破坏后,应继续施加剪切载荷,应直至测出趋于稳定的剪切载荷值为止。

4 应将剪切载荷退至零。根据需要,待试件回弹后,调整测表,应按本条第 1 款至 3 款步骤进行摩擦试验。

2.12.11 试验结束后,应对试件剪切面进行下列描述:

1 应量测剪切面,确定有效剪切面积。

2 应描述剪切面的破坏情况,擦痕的分布、方向和长度。

3 应测定剪切面的起伏差,绘制沿剪切方向断面高度的变化曲线。

4 当结构面内有充填物时,应查找剪切面的准确位置,并应记述其组成成分、性质、厚度、结构构造、含水状态。根据需要,可测定充填物的物理性质和黏土矿物成分。

2.12.12 试验成果整理应符合下列要求:

1 各法向载荷下,作用于剪切面上的法向应力和剪应力应分别按下列公式计算:

$$\sigma = \frac{P}{A} \tag{2.12.12-1}$$

$$\tau = \frac{Q}{A} \tag{2.12.12-2}$$

式中：σ——作用于剪切面上的法向应力(MPa)；

τ——作用于剪切面上的剪应力(MPa)；

P——作用于剪切面上的法向载荷(N)；

Q——作用于剪切面上的剪切载荷(N)；

A——有效剪切面面积(mm^2)。

2 应绘制各法向应力下的剪应力与剪切位移及法向位移关系曲线，应根据曲线确定各剪切阶段特征点的剪应力。

3 应将各剪切阶段特征点的剪应力和法向应力点绘在坐标图上，绘制剪应力与法向应力关系曲线，并应按库伦—奈维表达式确定相应的岩石强度参数(f,c)。

2.12.13 岩石直剪试验记录应包括工程名称、取样位置、试件编号、试件描述、含水状态、混凝土配合比和强度等级、剪切面积、各法向载荷下各级剪切载荷时的法向位移及剪切位移，剪切面描述。

2.13 点荷载强度试验

2.13.1 各类岩石均可采用岩石点荷载强度试验。

2.13.2 试件可采用钻孔岩心，或从岩石露头、勘探坑槽、平洞、巷道或其他洞室中采取的岩块。在试样采取和试件制备过程中，应避免产生裂缝。

2.13.3 岩石试件应符合下列规定：

1 作径向试验的岩心试件，长度与直径之比应大于1.0；作轴向试验的岩心试件，长度与直径之比宜为0.3～1.0。

2 方块体或不规则块体试件，其尺寸宜为50mm±35mm，两加载点间距与加载处平均宽度之比宜为0.3～1.0。

2.13.4 试件的含水状态可根据需要选择天然含水状态、烘干状态、饱和状态或其他含水状态。试件烘干和饱和方法应符合本标准第 2.4.5 条的规定。

2.13.5 同一含水状态和同一加载方向下，岩心试件每组试验试件数量宜为 5 个～10 个，方块体和不规则块体试件每组试验试件数量宜为 15 个～20 个。

2.13.6 试件描述应包括下列内容：

1 岩石名称、颜色、矿物成分、结构、构造、风化程度、胶结物性质等。

2 试件形状及制备方法。

3 加载方向与层理、片理、节理的关系。

4 含水状态及所使用的方法。

2.13.7 应包括下列主要仪器和设备：

1 点荷载试验仪。

2 游标卡尺。

2.13.8 试验应按下列步骤进行：

1 径向试验时，应将岩心试件放入球端圆锥之间，使上下锥端与试件直径两端应紧密接触。应量测加载点间距，加载点距试件自由端的最小距离不应小于加载两点间距的 0.5。

2 轴向试验时，应将岩心试件放入球端圆锥之间，加载方向应垂直试件两端面，使上下锥端连线通过岩心试件中截面的圆心处并应与试件紧密接触。应量测加载点间距及垂直于加载方向的试件宽度。

3 方块体与不规则块体试验时，应选择试件最小尺寸方向为加载方向。应将试件放入球端圆锥之间，使上下锥端位于试件中心处并应与试件紧密接触。应量测加载点间距及通过两加载点最小截面的宽度或平均宽度，加载点距试件自由端的距离不应小于加载点间距的 0.5。

4 应稳定地施加载荷，使试件在 10s～60s 内破坏，应记录破坏载荷。

5 有条件时，应量测试件破坏瞬间的加载点间距。

6 试验结束后，应描述试件的破坏形态。破坏面贯穿整个试件并通过两加载点为有效试验。

2.13.9 试验成果整理应符合下列要求：

1 未经修正的岩石点荷载强度应按下式计算：

$$I_s = \frac{P}{D_e^2} \quad (2.13.9\text{-}1)$$

式中：I_s——未经修正的岩石点荷载强度(MPa)；

P——破坏载荷(N)；

D_e——等价岩心直径(mm)。

2 等价岩心直径采用径向试验应分别按下列公式计算：

$$D_e^2 = D^2 \quad (2.13.9\text{-}2)$$

$$D_e^2 = DD' \quad (2.13.9\text{-}3)$$

式中：D——加载点间距(mm)；

D'——上下锥端发生贯入后，试件破坏瞬间的加载点间距(mm)。

3 轴向、方块体或不规则块体试验的等价岩心直径应分别按下列公式计算：

$$D_e^2 = \frac{4WD}{\pi} \quad (2.13.9\text{-}4)$$

$$D_e^2 = \frac{4WD'}{\pi} \quad (2.13.9\text{-}5)$$

式中：W——通过两加载点最小截面的宽度或平均宽度(mm)。

4 当等价岩心直径不等于 50mm 时，应对计算值进行修正。当试验数据较多，且同一组试件中的等价岩心直径具有多种尺寸而不等于 50mm 时，应根据试验结果，绘制 D_e^2 与破坏载荷 P 的关系曲线，并应在曲线上查找 D_e^2 为 2500mm^2 时对应的 P_{50} 值，岩石点荷载强度指数应按下式计算：

$$I_{s(50)} = \frac{P_{50}}{2500} \quad (2.13.9\text{-}6)$$

式中：$I_{s(50)}$——等价岩心直径为 50mm 的岩石点荷载强度指数

(MPa)；

P_{50}——根据 $D_e^2 \sim P$ 关系曲线求得的 D_e^2 为 $2500mm^2$ 时的 P 值(N)。

5 当等价岩心直径不为 50mm，且试验数据较少时，不宜按本条第 4 款方法进行修正，岩石点荷载强度指数应分别按下列公式计算：

$$I_{s(50)} = FI_s \tag{2.13.9-7}$$

$$F = \left(\frac{D_e}{50}\right)^m \tag{2.13.9-8}$$

式中：F——修正系数；

m——修正指数，可取 0.40～0.45，或根据同类岩石的经验值确定。

6 岩石点荷载强度各向异性指数应按下式计算：

$$I_{a(50)} = \frac{I'_{s(50)}}{I''_{s(50)}} \tag{2.13.9-9}$$

式中：$I_{a(50)}$——岩石点荷载强度各向异性指数；

$I'_{s(50)}$——垂直于弱面的岩石点荷载强度指数(MPa)；

$I''_{s(50)}$——平行于弱面的岩石点荷载强度指数(MPa)。

7 按式(2.13.9-7)计算的垂直和平行弱面岩石点荷载强度指数应取平均值。当一组有效的试验数据不超过 10 个时，应舍去最高值和最低值，再计算其余数据的平均值；当一组有效的试验数据超过 10 个时，应依次舍去 2 个最高值和 2 个最低值，再计算其余数据的平均值。

8 计算值应取 3 位有效数字。

2.13.10 岩石点荷载强度试验记录应包括工程名称、取样位置、试件编号、试件描述、含水状态、试验类型、试件尺寸、破坏载荷。

3 岩体变形试验

3.1 承压板法试验

3.1.1 承压板法试验应按承压板性质，可采用刚性承压板或柔性承压板。各类岩体均可采用刚性承压板法试验，完整和较完整岩体也可采用柔性承压板法试验。

3.1.2 试验地段开挖时，应减少对岩体的扰动和破坏。

3.1.3 在岩体的预定部位加工试点，应符合下列要求：

1 试点受力方向宜与工程岩体实际受力方向一致。各向异性的岩体，也可按要求的受力方向制备试点。

2 加工的试点面积应大于承压板，承压板的直径或边长不宜小于30cm。

3 试点表层受扰动的岩体宜清除干净。试点表面应修凿平整，表面起伏差不宜大于承压板直径或边长的1%。

4 承压板外1.5倍承压板直径范围以内的岩体表面应平整，应无松动岩块和石碴。

3.1.4 试点的边界条件应符合下列要求：

1 试点中心至试验洞侧壁或顶底板的距离，应大于承压板直径或边长的2.0倍；试点中心至洞口或掌子面的距离，应大于承压板直径或边长的2.5倍；试点中心至临空面的距离，应大于承压板直径或边长的6.0倍。

2 两试点中心之间的距离，应大于承压板直径或边长的4.0倍。

3 试点表面以下3.0倍承压板直径或边长深度范围内的岩体性质宜相同。

3.1.5 试点的反力部位岩体应能承受足够的反力，表面应凿平。

3.1.6 柔性承压板中心孔法应采用钻孔轴向位移计进行深部岩体变形量测的试点，应在试点中心垂直试点表面钻孔并取心，钻孔应符合钻孔轴向位移计对钻孔的要求，孔深不应小于承压板直径的6.0倍。孔内残留岩心与石碴应打捞干净，孔壁应清洗，孔口应保护。

3.1.7 试点可在天然状态下试验，也可在人工泡水条件下试验。

3.1.8 试点地质描述应包括下列内容：

1 试段开挖和试点制备的方法以及出现的情况。

2 岩石名称、结构及主要矿物成分。

3 岩体结构面的类型、产状、宽度、延伸性、密度、充填物性质，以及与受力方向的关系等。

4 试段岩体风化状态及地下水情况。

5 试验段地质展示图、试验段地质纵横剖面图、试点地质素描图和试点中心钻孔柱状图。

3.1.9 应包括下列主要仪器和设备：

1 液压千斤顶。

2 环形液压枕。

3 液压泵及管路。

4 压力表。

5 圆形或方形刚性承压板。

6 垫板。

7 环形钢板和环形传力箱。

8 传力柱。

9 反力装置。

10 测表支架。

11 变形测表。

12 磁性表座。

13 钻孔轴向位移计。

3.1.10 刚性承压板法加压系统安装应符合下列要求：

1　应清洗试点岩体表面，铺垫一层水泥浆，放上刚性承压板，轻击承压板，并应挤出多余水泥浆，使承压板平行试点表面。水泥浆的厚度不宜大于承压板直径或边长的1%，并应防止水泥浆内有气泡产生。

2　应在承压板上放置千斤顶，千斤顶的加压中心应与承压板中心重合。

3　应在千斤顶上依次安装垫板、传力柱、垫板，在垫板和反力后座岩体之间填筑砂浆或安装反力装置。

4　在露天场地或无法利用洞室顶板作为反力部位时，可采用堆载法或地锚作为反力装置。

5　安装完毕后，可启动千斤顶稍加压力，使整个系统结合紧密。

6　加压系统应具有足够的强度和刚度，所有部件的中心应保持在同一轴线上并与加压方向一致。

3.1.11　柔性承压板法加压系统安装应符合下列规定：

1　进行中心孔法试验的试点，应在放置液压枕之前先在孔内安装钻孔轴向位移计。钻孔轴向位移计的测点布置，可按液压枕直径的0.25、0.50、0.75、1.00、1.50、2.00、3.00倍的钻孔不同深度进行，但孔口及孔底应设测点或固定点。

2　应清洗试点岩体表面，铺垫一层水泥浆，应放置两面凹槽已用水泥砂浆填平并经养护的环形液压枕，并挤出多余水泥浆，应使环形液压枕平行试点表面。水泥浆的厚度不宜大于1cm，应防止水泥浆内有气泡产生。

3　应在环形液压枕上放置环形钢板和环形传力箱，并应依次安装垫板、液压枕或千斤顶、垫板、传力柱、垫板，在垫板和反力部位之间填筑砂浆或安装反力装置。

4　其他应符合本标准第3.1.10条中第4款至第6款的规定。

3.1.12　变形量测系统安装应符合下列规定：

1 在承压板或液压枕两侧应各安放测表支架1根，测表支架应满足刚度要求，支承形式宜为简支。支架的支点应设在距承压板或液压枕中心2.0倍直径或边长以外，可采用浇筑在岩面上的混凝土墩作为支点。应防止支架在试验过程中产生沉陷。

2 在测表支架上应通过磁性表座安装变形测表。刚性承压板法试验应在承压板上对称布置4个测表，柔性承压板法试验应在环形液压枕中心表面上布置1个测表。

3 根据需要，可在承压板外试点的影响范围内，通过承压板中心且相互垂直的两条轴线上对称布置若干测表。

3.1.13 安装时浇筑的水泥浆和混凝土应进行养护。

3.1.14 试验及稳定标准应符合下列要求：

1 试验最大压力不宜小于预定压力的1.2倍。压力宜分为5级，应按最大压力等分施加。

2 加压前应对测表进行初始稳定读数观测，应每隔10min同时测读各测表一次，连续三次读数不变，可开始加压试验，并应将此读数作为各测表的初始读数值。钻孔轴向位移计各测点及板外测表观测，可在表面测表稳定不变后进行初始读数。

3 加压方式宜采用逐级一次循环法。根据需要，可采用逐级多次循环法，或大循环法。

4 每级压力加压后应立即读数，以后每隔10min读数一次，当刚性承压板上所有测表或柔性承压板中心岩面上的测表，相邻两次读数差与同级压力下第一次变形读数和前一级压力下最后一次变形读数差之比小于5%时，可认为变形稳定，并应进行退压。退压后的稳定标准，应与加压时的稳定标准相同。退压稳定后，应按上述步骤依次加压至最大压力，可结束试验。

5 在加压、退压过程中，均应测读相应过程压力下测表读数一次。

6 钻孔轴向位移计各测点、板外测表可在读数稳定后读取读数。

3.1.15 试验时应对加压设备和测表运行情况、试点周围岩体隆起和裂缝开展、反力部位掉块和变形等进行记录和描述。试验期间,应控制试验环境温度的变化,露天场地进行试验时宜搭建专门试验棚。

3.1.16 试验结束后,应及时拆卸试验设备。必要时,可在试点处切槽检查。

3.1.17 试验成果整理应符合下列要求:

1 刚性承压板法岩体弹性(变形)模量应按下式计算:

$$E = I_0 \frac{(1-\mu^2)pD}{W} \tag{3.1.17-1}$$

式中:E——岩体弹性(变形)模量(MPa)。当以总变形 W_0 代入式中计算的为变形模量 E_0;当以弹性变形 W_e 代入式中计算的为弹性模量 E;

W——岩体变形(cm);

p——按承压板面积计算的压力(MPa);

I_0——刚性承压板的形状系数,圆形承压板取 0.785,方形承压板取 0.886;

D——承压板直径或边长(cm);

μ——岩体泊松比。

2 柔性承压板法试验量测岩体表面变形时,岩体弹性(变形)模量数应按下式计算:

$$E = \frac{(1-\mu^2)p}{W} \times 2(r_1 - r_2) \tag{3.1.17-2}$$

式中:r_1、r_2——环形柔性承压板的有效外半径和内半径(cm);

W——柔性承压板中心岩体表面变形(cm)。

3 柔性承压板法试验量测中心孔深部变形时,岩体弹性(变形)模量应分别按下列公式计算:

$$E = \frac{p}{W_z} K_z \tag{3.1.17-3}$$

$$K_z = 2(1-\mu^2)(\sqrt{r_1^2+Z^2}-\sqrt{r_2^2+Z^2})-(1+\mu)\left(\frac{Z^2}{\sqrt{r_1^2+Z^2}}-\frac{Z^2}{\sqrt{r_2^2+Z^2}}\right) \quad (3.1.17\text{-}4)$$

式中：W_z——深度为 Z 处的岩体变形(cm)；

Z——测点深度(cm)；

K_z——与承压板尺寸、测点深度和泊松比有关的系数(cm)。

4 当柔性承压板中心孔法试验量测到不同深度两点的岩体变形值时，两点之间岩体弹性(变形)模量应按下式计算：

$$E = \frac{p(K_{z1}-K_{z2})}{W_{z1}-W_{z2}} \quad (3.1.17\text{-}5)$$

式中：W_{z1}、W_{z2}——深度分别为 Z_1 和 Z_2 处的岩体变形(cm)；

K_{z1}、K_{z2}——深度分别为 Z_1 和 Z_2 处的相应系数(cm)。

5 当方形刚性承压板边长为 30cm 时，基准基床系数应按下式计算：

$$K_v = \frac{p}{W} \quad (3.1.17\text{-}6)$$

式中：K_v——基准基床系数(kN/m^3)。

p——按方形刚性承压板计算的压力(kN/m^2)；

W——岩体变形(cm)。

6 应绘制压力与变形关系曲线、压力与变形模量和弹性模量及基准基床系数关系曲线。中心孔法试验应绘制不同压力下沿中心孔深度与变形关系曲线。

3.1.18 承压板法岩体变形试验记录应包括工程名称、试点编号、试点位置、试验方法、试点描述、压力表和千斤顶(液压枕)编号、承压板尺寸、测表布置及编号、各级压力下的测表读数。

3.2 钻孔径向加压法试验

3.2.1 钻孔径向加压法试验可采用钻孔膨胀计或钻孔弹模计。完整和较完整的中硬岩和软质岩可采用钻孔膨胀计，各类岩体均可采用钻孔弹模计。

3.2.2 试点应符合下列要求：

1 试验孔应采用金刚石钻头钻进，孔壁应平直光滑，孔内残留岩心与石碴应打捞干净，孔壁应清洗，孔口应保护。孔径应根据仪器要求确定。

2 采用钻孔膨胀计进行试验时，试验孔应铅直。

3 试验段岩性应均一。

4 两试点加压段边缘之间的距离不应小于1.0倍加压段长；加压段边缘距孔口的距离不应小于1.0倍加压段长；加压段边缘距孔底的距离不应小于加压段长的0.5倍。

3.2.3 试点地质描述应包括下列内容：

1 钻孔钻进过程中的情况。

2 岩石名称、结构及主要矿物成分。

3 岩体结构面的类型、产状、宽度、充填物性质。

4 地下水水位、含水层与隔水层分布。

5 钻孔平面布置图和钻孔柱状图。

3.2.4 应包括下列主要仪器和设备：

1 钻孔膨胀计或钻孔弹模计。

2 液压泵及高压软管。

3 压力表。

4 扫孔器。

5 模拟管。

6 校正仪。

7 定向杆。

8 起吊设备。

3.2.5 采用钻孔膨胀计进行试验时，试验准备工作应符合下列要求：

1 应向钻孔内注水至孔口，并应将扫孔器放入孔内进行扫孔，直至上下连续三次收集不到岩块为止。应将模拟管放入孔内直至孔底，如畅通无阻即可进行试验。

2 应按仪器使用要求，将组装后的探头放入孔内预定深度，施加0.5MPa的初始压力，探头即自行固定，应读取初始读数。

3.2.6 采用钻孔弹模计进行试验时，试验准备工作应符合下列要求：

1 任意方向钻孔均可采用钻孔弹模计，可在水下试验，也可在干孔中试验。

2 应将扫孔器放入孔内进行扫孔，直至上下连续三次收集不到岩块为止。应将模拟管放入孔内直至孔底，如畅通无阻即可进行试验。

3 应根据试验段岩性情况，选择承压板。

4 应按仪器使用要求，将组装后的探头用定向杆放入孔内预定深度。应在定向后立即施加0.5MPa～2.0MPa的初始压力，探头即自行固定，应读取初始读数。

3.2.7 试验及稳定标准应符合下列规定：

1 试验最大压力应根据需要而定，可为预定压力的1.2倍～1.5倍。压力可分为5级～10级，应按最大压力等分施加。

2 加压方式宜采用逐级一次循环法或大循环法。

3 采用逐级一次循环法时，每级压力加压后应立即读数，以后应每隔3min～5min读数一次，当相邻两次读数差与同级压力下第一次变形读数和前一级压力下最后一次变形读数差之比小于5%时，可认为变形稳定，即可进行退压。

4 采用大循环法时，每级过程压力应稳定3min～5min，并应测读稳定前后读数，最后一级压力稳定标准同本条第3款。变形稳定后，即可进行退压。大循环次数不应少于3次。

5 退压后的稳定标准应与加压时的稳定标准相同。

6 每一循环过程中退压时，压力应退至初始压力。最后一次循环在退至初始压力后，应进行稳定值读数，然后全部压力退至零并保持一段时间，应根据仪器要求移动探头。

7 试验应由孔底向孔口逐段进行。

3.2.8 试验结束后，应及时取出探头。

3.2.9 试验成果整理应符合下列要求：

1 采用钻孔膨胀计进行试验时，岩体弹性（变形）模量应按下式计算：

$$E = p(1+\mu)\frac{d}{\Delta d} \tag{3.2.9-1}$$

式中：E——岩体弹性（变形）模量（MPa）。当以总变形 Δd_t 代入式中计算的为变形模量 E_0；当以弹性变形 Δd_e 代入式中计算的为弹性模量 E；

p——计算压力，为试验压力与初始压力之差（MPa）；

d——实测钻孔直径（cm）；

Δd——岩体径向变形（cm）。

2 采用钻孔弹模计进行试验时，岩体弹性（变形）模量应按下式计算：

$$E = Kp(1+\mu)\frac{d}{\Delta d} \tag{3.2.9-2}$$

式中：K——与三维效应、传感器灵敏度、加压角及弯曲效应等有关的系数，根据率定确定。

3 应绘制各测点的压力与变形关系曲线、各测点的压力与变形模量和弹性模量关系曲线，以及与钻孔岩心柱状图相对应的沿孔深的变形模量和弹性模量分布图。

3.2.10 钻孔变形试验记录应包括工程名称、试验孔编号、试验孔位置、钻孔岩心柱状图、测点编号、测点深度、试验方法、测点方向、测点处钻孔直径、初始压力、钻孔弹模计率定系数、各级压力下的读数。

4 岩体强度试验

4.1 混凝土与岩体接触面直剪试验

4.1.1 混凝土与岩体接触面直剪试验可采用平推法或斜推法。

4.1.2 试验地段开挖时，应减少对岩体产生扰动和破坏。试验段的岩性应均一，同一组试验剪切面的岩体性质应相同，剪切面下不应有贯穿性的近于平行剪切面的裂隙通过。

4.1.3 在岩体预定部位加工剪切面时，应符合下列要求：

1 加工的剪切面尺寸宜大于混凝土试体尺寸10cm，实际剪切面面积不应小于2500cm^2，最小边长不应小于50cm。

2 剪切面表面起伏差宜为试体推力方向边长的1%～2%。

3 各试体间距不宜小于试体推力方向的边长。

4 剪切面应垂直预定的法向应力方向，试体的推力方向宜与预定的剪切方向一致。

5 在试体的推力部位，应留有安装千斤顶的足够空间。平推法直剪试验应开挖千斤顶槽。

6 剪切面周围的岩体应凿平，浮渣应清除干净。

4.1.4 混凝土试体制备应符合下列要求：

1 浇筑混凝土前，应将剪切面岩体表面清洗干净。

2 混凝土试体高度不应小于推力方向边长的1/2。

3 根据预定的混凝土配合比浇筑试体，骨料的最大粒径不应大于试体最小边长的1/6。混凝土可直接浇筑在剪切面上，也可预先在剪切面上先浇筑一层厚度为5cm的砂浆垫层。

4 在制备混凝土试体的同时，可在试体预定部位埋设量测位移标点。

5 在浇筑混凝土和砂浆垫层的同时，应制备一定数量的混凝土和砂浆试件。

6 混凝土试体的顶面应平行剪切面，试体各侧面应垂直剪切面。当采用斜推法时，试体推力面也可按预定的推力夹角浇筑成斜面，推力夹角宜采用12°～20°。

7 应对混凝土试体和试件进行养护。试验前应测定混凝土强度，在确认混凝土达到预定强度后，应及时进行试验。

4.1.5 试体的反力部位应能承受足够的反力。反力部位岩体表面应凿平。

4.1.6 每组试验试体的数量不宜少于5个。

4.1.7 试验可在天然状态下进行，也可在人工泡水条件下进行。

4.1.8 试验地质描述应包括下列内容：

1 试验地段开挖、试体制备的方法及出现的情况。

2 岩石名称、结构构造及主要矿物成分。

3 岩体结构面的类型、产状、宽度、延伸性、密度、充填物性质以及与受力方向的关系等。

4 试验段岩体完整程度、风化程度及地下水情况。

5 试验段工程地质图、及平面布置图及剪切面素描图。

6 剪切面表面起伏差。

4.1.9 应包括下列主要仪器和设备：

1 液压千斤顶。

2 液压泵及管路。

3 压力表。

4 垫板。

5 滚轴排。

6 传力柱。

7 传力块。

8 斜垫板。

9 反力装置。

10 测表支架。

11　磁性表座。

12　位移测表。

4.1.10　应标出法向载荷和剪切载荷的安装位置。应按照先安装法向载荷系统后安装剪切载荷系统以及量测系统的顺序进行。

4.1.11　法向载荷系统安装应符合下列要求：

1　在试件顶部应铺设一层水泥砂浆，并放上垫板，应轻击垫板，使垫板平行预定剪切面。试件顶部也可铺设橡皮板或细砂，再放置垫板。

2　在垫板上应依次安放滚轴排、垫板、千斤顶、垫板、传力柱及顶部垫板。

3　在顶部垫板和反力座之间应填筑混凝土(或砂浆)或安装反力装置。

4　在露天场地或无法利用洞室顶板作为反力部位时，可采用堆载法或地锚作为反力装置。当法向载荷较小时，也可采用压重法。

5　安装完毕后，可启动千斤顶稍加压力，应使整个系统结合紧密。

6　整个法向载荷系统的所有部件，应保持在加载方向的同一轴线上，并应垂直预定剪切面。法向载荷的合力应通过预定剪切面的中心。

7　法向载荷系统应具有足够的强度和刚度。当剪切面为倾斜或载荷系统超过一定高度时，应对法向载荷系统进行支撑。

8　液压千斤顶活塞在安装前应启动部分行程。

4.1.12　剪切载荷系统安装应符合下列要求：

1　采用平推法进行直剪试验时，在试体受力面应用水泥砂浆粘贴一块垫板，垫板应垂直预定剪切面。在垫板后应依次安放传力块、液压千斤顶、垫板。在垫板和反力座之间应填筑混凝土(或砂浆)。

2　采用斜推法进行直剪试验时，当试体受力面为垂直预定剪切面时，在试体受力面应用水泥砂浆粘贴一块垫板，垫板应垂直预定剪切面，在垫板后应依次安放斜垫板、液压千斤顶、垫板、滚轴排、垫板；当试体受力面为斜面时，在试体受力面应用水泥砂浆粘贴一块垫板，垫板与预定剪切面的夹角应等于预定推力夹角，在垫板后应依次安放传力块、液压千斤顶、垫板、滚轴排、垫板。在垫板和反力座之间填筑混凝土(或砂浆)。

3 在试体受力面粘贴垫板时，垫板底部与剪切面之间，应预留约 1cm 间隙。

4 安装剪切载荷千斤顶时，应使剪切方向与预定的推力方向一致，其轴线在剪切面上的投影，应通过预定剪切面中心。平推法剪切载荷作用轴线应平行预定剪切面，轴线与剪切面的距离不宜大于剪切方向试体边长的 5%；斜推法剪切载荷方向应按预定的夹角安装，剪切载荷合力的作用点应通过预定剪切面的中心。

4.1.13 量测系统安装应符合下列要求：

1 安装量测试体绝对位移的测表支架，应牢固地安放在支点上，支架的支点应在变形影响范围以外。

2 在支架上应通过磁性表座安装测表。在试体的对称部位应分别安装剪切和法向位移测表，每种测表的数量不宜少于 2 只。

3 根据需要，在试体与基岩表面之间，可布置量测试体相对位移的测表。

4 所有测表及标点应予以定向，应分别垂直或平行预定剪切面。

4.1.14 应对安装时所浇筑的水泥砂浆和混凝土进行养护。

4.1.15 试验准备应包括下列各项：

1 应根据液压千斤顶率定曲线和试体剪切面积，计算施加的各级载荷与压力表读数。

2 应检查各测表的工作状态，测读初始读数值。

4.1.16 法向载荷的施加方法应符合下列要求：

1 应在每个试体上施加不同的法向载荷，可分别为最大法向载荷的等分值。剪切面上的最大法向应力不宜小于预定的法向应力。

2 对于每个试体，法向载荷宜分 1 级～3 级施加，分级可视法向应力的大小和岩性而定。

3 加载采用时间控制，应每 5min 施加一级载荷，加载后应立即测读每级载荷下的法向位移，5min 后再测读一次，即可施加下一级载荷。施加至预定载荷后，应每 5min 测读一次，当连续两次测读的法向位移之差不大于 0.01mm 时，可开始施加剪切载荷。

4 在剪切过程中，应使法向应力始终保持为常数。

4.1.17 剪切载荷的施加方法应符合下列要求：

1 剪切载荷施加前，应对剪切载荷系统和测表进行检查，必要时应进行调整。

2 应按预估的最大剪切载荷分 8 级～12 级施加。当施加剪切载荷引起的剪切位移明显增大时，可适当增加剪切载荷分级。

3 剪切载荷的施加方法应采用时间控制。每 5min 施加一级，应在每级载荷施加前后对各位移测表测读一次。接近剪断时，应密切注视和测读载荷变化情况及相应的位移，载荷及位移应同步观测。

4 采用斜推法分级施加载荷时，为保持法向应力始终为一常数，应同步降低因施加斜向剪切载荷而产生的法向分量的增量。作用于剪切面上的总法向载荷应按下式计算：

$$P = P_0 - Q\sin\alpha \qquad (4.1.17)$$

式中：P——作用于剪切面上的总法向载荷(N)；

P_0——试验开始时作用于剪切面上的总法向载荷(N)；

Q——试验时的各级总斜向剪切载荷(N)；

α——斜向剪切载荷施力方向与剪切面的夹角(°)。

5 试体剪断后，应继续施加剪切载荷，直至测出趋于稳定的剪切载荷值为止。

6 将剪切载荷缓慢退载至零，观测试体回弹情况，抗剪断试验即告结束。在剪切载荷退零过程中，仍应保持法向应力为常数。

7 根据需要，在抗剪断试验结束以后，可保持法向应力不变，调整设备和测表，应按本条第2款至第6款沿剪断面进行抗剪（摩擦）试验。剪切载荷可按抗剪断试验最后稳定值进行分级施加。

8 抗剪试验结束后，根据需要，可在不同的法向载荷下进行重复摩擦试验，即单点摩擦试验。

4.1.18 在试验过程中，对加载设备和测表运行情况、试验中出现的响声、试体和岩体中出现松动或掉块以及裂缝开展等现象，作详细描述和记录。

4.1.19 试验结束应及时拆卸设备。在清理试验场地后，翻转试体，对剪切面进行描述。剪切面的描述应包括下列内容：

1 量测剪切面面积。

2 剪切面的破坏情况，擦痕的分布、方向及长度。

3 岩体或混凝土试体内局部剪断的部位和面积。

4 剪切面上碎屑物质的性质和分布。

4.1.20 试验成果整理应符合下列规定：

1 采用平推法，各法向载荷下的法向应力和剪应力应分别按下列公式计算：

$$\sigma = \frac{P}{A} \tag{4.1.20-1}$$

$$\tau = \frac{Q}{A} \tag{4.1.20-2}$$

式中：σ——作用于剪切面上的法向应力（MPa）；

τ——作用于剪切面上的剪应力（MPa）；

P——作用于剪切面上的总法向载荷（N）；

Q——作用于剪切面上的总剪切载荷（N）；

A——剪切面面积（mm^2）。

2 采用斜推法，各法向载荷下的法向应力和剪应力应分别按下列公式计算：

$$\sigma = \frac{P}{A} + \frac{Q}{A}\sin\alpha \qquad (4.1.20\text{-}3)$$

$$\tau = \frac{Q}{A}\cos\alpha \qquad (4.1.20\text{-}4)$$

式中：Q——作用于剪切面上的总斜向剪切载荷(N)；

α——斜向载荷施力方向与剪切面的夹角(°)。

3 应绘制各法向应力下的剪应力与剪切位移及法向位移关系曲线。应根据关系曲线，确定各法向应力下的抗剪断峰值。

4 应绘制各法向应力及与其对应的抗剪断峰值关系曲线，应按库伦-奈维表达式确定相应的抗剪断强度参数(f,c)。应根据需要确定抗剪(摩擦)强度参数。

5 应根据需要，在剪应力与位移曲线上确定其他剪切阶段特征点，并应根据各特征点确定相应的抗剪强度参数。

4.1.21 混凝土与岩体接触面直剪试验记录应包括工程名称、试验段位置和编号及试体布置、试体编号、试验方法、试体和剪切面描述、混凝土强度、剪切面面积、千斤顶和压力表编号、测表布置和编号、各法向载荷下各级剪切载荷时的法向位移及剪切位移。

4.2 岩体结构面直剪试验

4.2.1 岩体结构面直剪试验可采用平推法或斜推法。

4.2.2 试验地段开挖时，应减少对岩体结构面产生扰动和破坏。同一组试验各试体的岩体结构面性质应相同。

4.2.3 应在探明岩体中结构面部位和产状后，在预定的试验部位加工试体。试体应符合下列要求：

1 试体中结构面面积不宜小于2500cm²，试体最小边长不宜小于50cm，结构面以上的试体高度不应小于试体推力方向长度的1/2。

2 各试体间距不宜小于试体推力方向的边长。

3 作用于试体的法向载荷方向应垂直剪切面，试体的推力方向宜与预定的剪切方向一致。

4　在试体的推力部位，应留有安装千斤顶的足够空间。平推法直剪试验应开挖千斤顶槽。

5　试体周围的结构面充填物及浮碴，应清除干净。

6　对结构面上部不需浇筑保护套的完整岩石试体，试体的各个面应大致修凿平整，顶面宜平行预定剪切面。在加压过程中，可能出现破裂或松动的试体，应浇筑钢筋混凝土保护套(或采取其他措施)。保护套应具有足够的强度和刚度，保护套顶面应平行预定剪切面，底部应在预定剪切面上缘。当采用斜推法时，试体推力面也可按预定推力夹角加工或浇筑成斜面，推力夹角宜为12°～20°。

7　对于剪切面倾斜的试体，在加工试体前应采取保护措施。

4.2.4　试体的反力部位，应能承受足够的反力。反力部位岩体表面应凿平。

4.2.5　每组试验试体的数量不宜少于5个。

4.2.6　试验可在天然含水状态下进行，也可在人工泡水条件下进行。对结构面中具有较丰富的地下水时，在试体加工前应先切断地下水来源，防止试验段开挖至试验进行时，试验段反复泡水。

4.2.7　试验地质描述应包括下列内容：

1　试验地段开挖、试体制备及出现的情况。

2　结构面的产状、成因、类型、连续性及起伏差情况。

3　充填物的厚度、矿物成分、颗粒组成、泥化软化程度、风化程度、含水状态等。

4　结构面两侧岩体的名称、结构构造及主要矿物成分。

5　试验段的地下水情况。

6　试验段工程地质图、试验段平面布置图、试体地质素描图和结构面剖面示意图。

4.2.8　主要仪器和设备应符合本标准第4.1.9条的要求。

4.2.9　设备安装应符合本标准第4.1.10条至第4.1.13条的规定。

4.2.10　试验前应对水泥砂浆和混凝土进行养护。

4.2.11 对于无充填物的结构面或充填岩块、岩屑的结构面，试验应符合本标准第 4.1.15 条～第 4.1.18 条的规定。

4.2.12 对于充填物含泥的结构面，试验应符合下列规定：

1 剪切面上的最大法向应力，不宜小于预定的法向应力，但不应使结构面中的夹泥挤出。

2 法向载荷可视法向应力的大小宜分 3 级～5 级施加。加载采用时间控制，应每 5min 施加一级载荷，加载后应立即测读每级载荷下的法向位移，5min 后再测读一次。在最后一级载荷作用下，要求法向位移值相对稳定。法向位移稳定标准可视充填物的厚度和性质而定，按每 10min 或 15min 测读一次，连续两次每一测表读数之差不超过 0.05mm，可视为稳定，施加剪切载荷。

3 剪切载荷的施加方法采用时间控制，可视充填物的厚度和性质而定，按每 10min 或 15min 施加一级。加载前后均应测读各测表读数。

4 其他应符合本标准第 4.1.15 条至第 4.1.18 条的规定。

4.2.13 试验结束应及时拆卸设备。在清理试验场地后，翻转试体，应对剪切面进行描述。剪切面的描述应包括下列内容：

1 应量测剪切面面积。

2 当结构面中同时存在多个剪切面时，应准确判断主剪切面。

3 应描述剪切面的破坏情况，擦痕的分布、方向及长度。

4 应量测剪切面的起伏差，绘制沿剪切方向断面高度的变化曲线。

5 对于结构面中的充填物，应记述其组成成分、风化程度、性质、厚度。根据需要，测定充填物的物理性质和黏土矿物成分。

4.2.14 试验成果整理应符合本标准第 4.1.20 条的要求。

4.2.15 岩体结构面直剪试验记录应包括工程名称、试验段位置和编号及试体布置、试体编号、试验方法、试体和剪切面描述、剪切面面积、千斤顶和压力表编号、测表布置和编号、各法向载荷下各级剪切载荷时的法向位移及剪切位移。

4.3 岩体直剪试验

4.3.1 岩体直剪试验可采用平推法或斜推法。

4.3.2 试验地段开挖时,应减少对岩体产生扰动和破坏。试验段的岩性应均一。同一组试验各试体的岩体性质应相同,试体及剪切面下不应有贯通性裂隙通过。

4.3.3 在岩体的预定部位加工试体时,应符合下列要求:

1 试体底部剪切面面积不应小于 $2500cm^2$,试体最小边长不应小于 50cm,试体高度应大于推力方向试体边长的 1/2。

2 各试体间距应大于试体推力方向的边长。

3 施加于试体的法向载荷方向应垂直剪切面,试体的推力方向宜与预定的剪切方向一致。

4 在试体的推力部位,应留有安装千斤顶的足够空间。平推法直剪试验应开挖千斤顶槽。

5 试体周围岩面宜修凿平整,宜与预定剪切面在同一平面上。

6 对不需要浇筑保护套的完整岩石试体,试体的各个面应大致修凿平整,顶面宜平行预定剪切面。在加压或剪切过程中,可能出现破裂或松动的试体,应浇筑钢筋混凝土保护套(或采取其他措施)。保护套应具有足够的强度和刚度,保护套顶面应平行预定剪切面,底部应预留剪切缝,剪切缝宽度宜为试体推力方向边长的5%。试体推力面也可按预定的推力夹角加工成斜面(斜推法),推力夹角宜为 12°～20°。

4.3.4 试体的反力部位应能承受足够的反力,反力部位岩体表面应凿平。

4.3.5 每组试验试体的数量不应少于 5 个。

4.3.6 试验可在天然含水状态下进行,也可在人工泡水条件下进行。

4.3.7 试验地质描述应包括下列内容：

1 试体素描图。

2 其他应符合本标准第 4.1.8 条中第 1 款～第 5 款的要求。

4.3.8 主要仪器和设备应符合本标准第 4.1.9 条的要求。

4.3.9 设备安装应符合本标准第 4.1.10 条至第 4.1.14 条的规定。

4.3.10 试验应符合本标准第 4.1.15 条至第 4.1.18 条的规定。

4.3.11 试验结束应及时拆卸设备。在清理试验场地后，应翻转试体，对剪切面进行描述。剪切面描述应包括下列内容：

1 应量测剪切面面积。

2 应描述剪切面的破坏情况，破坏情况应包括破坏形式及范围，剪切碎块的大小及范围，擦痕的分布、方向及长度。

3 应绘制剪切面素描图。量测剪切面的起伏差，绘制沿剪切方向断面高度的变化曲线。应根据需要，作剪切面等高线图。

4.3.12 试验成果整理应符合本标准第 4.1.20 条的要求。

4.3.13 岩体直剪试验记录应包括工程名称、试验段位置和编号及试体布置、试体编号、试验方法、试体和剪切面描述、剪切面面积、千斤顶和压力表编号、测表布置和编号、各法向载荷下各级剪切载荷时的法向位移及剪切位移。

4.4 岩体载荷试验

4.4.1 岩体载荷试验应采用刚性承压板法进行浅层静力载荷试验。

4.4.2 试点制备应符合本标准第 3.1.2 条至第 3.1.5 条和第 3.1.7 条的要求。

4.4.3 试点地质描述应符合本标准第 3.1.8 条的要求。

4.4.4 主要仪器和设备应符合本标准第 3.1.9 条中刚性承压板法的要求。

4.4.5 设备安装应符合本标准第 3.1.10 条、3.1.12 条、3.1.13

条中刚性承压板法的规定。应布置板外测表。

4.4.6 载荷的施加方法应符合下列规定：

1 应采用一次逐级连续加载的方式施加载荷，直至试点岩体破坏。破坏前不应卸载。

2 在试验初期阶段，每级载荷可按预估极限载荷的10%施加。

3 当载荷与变形关系曲线不再呈直线，或承压板周围岩面开始出现隆起或裂缝时，应及时调整载荷等级，每级载荷可按预估极限载荷的5%施加。

4 当承压板上测表变形速度明显增大，或承压板周围岩面隆起或裂缝开展速度加剧时，应加密载荷等级，每级载荷可按预估极限载荷的2%～3%施加。

4.4.7 试验及稳定标准应符合下列规定：

1 加压前应对测表进行初始稳定读数观测，应每隔10min同时测读各测表一次，连续三次读数不变，可开始加载。

2 每级载荷加载后应立即读数，以后应每隔10min读数一次，当所有测表相邻两次读数之差与同级载荷下第一次变形读数和前一级载荷下最后一次变形读数差之比小于5%时认为变形稳定，可施加下一级载荷。

3 每级读数累计时间不应小于1h。

4 承压板外岩面上的测表读数，可在板上测表读数稳定后测读一次。

4.4.8 当出现下列情况之一时，即可终止加载：

1 在本级载荷下，连续测读2h变形无法稳定。

2 在本级载荷下，变形急剧增加，承压板周围岩面发生明显隆起或裂缝持续发展。

3 总变形量超过承压板直径或边长的1/12。

4 已经达到加载设备的最大出力，且已经超过比例极限的15%或超过预定工程压力的两倍。

4.4.9 终止加载后，载荷可分3级～5级进行卸载，每级载荷应测读测表一次。载荷完全卸除后，每隔10min应测读一次，应连续测读1h。

4.4.10 在试验过程中，应对承压板周围岩面隆起和裂隙的发生及开展情况，以及与载荷大小和时间的关系等，作详细观测、描述和记录。

4.4.11 试验结束应及时拆卸设备。在清理试验场地后，应对试点及周围岩面进行描述。描述应包括下列内容：

1 裂缝的产状及性质。

2 岩面隆起的位置及范围。

3 必要时进行切槽检查。

4.4.12 试验成果整理应符合下列要求：

1 应计算各级载荷下的岩体表面压力。

2 应绘制压力与板内和板外变形关系曲线。

3 应根据关系曲线确定各载荷阶段特征点。关系曲线中，直线段的终点对应的压力为比例界限压力；关系曲线中，符合本标准第4.4.8条中第1款至第3款情况之一对应的压力应为极限压力。

4 根据关系曲线直线段的斜率，应按本标准式(3.1.17-1)计算岩体变形参数。

4.4.13 岩体载荷试验记录应包括工程名称、试点编号、试点位置、试验方法、试点描述、承压板尺寸、压力表和千斤顶编号、测表布置及编号、各级载荷下各测表的变形。

5 岩石声波测试

5.1 岩块声波速度测试

5.1.1 能制成规则试件的岩石均可采用岩块声波速度测试。

5.1.2 岩石试件应符合本标准第2.7.2条至第2.7.6条的要求。

5.1.3 试件描述应符合本标准第2.7.7条的要求。

5.1.4 应包括下列主要仪器和设备：

1 钻石机、锯石机、磨石机、车床等。

2 测量平台。

3 岩石超声波参数测定仪。

4 纵、横波换能器。

5 测试架。

5.1.5 应检查仪器接头性状、仪器接线情况以及开机后仪器和换能器的工作状态。

5.1.6 测试应按下列步骤进行：

1 发射换能器的发射频率应符合下式要求：

$$f \geqslant \frac{2v_{\mathrm{p}}}{D} \tag{5.1.6}$$

式中：f——发射换能器发射频率(Hz)；

v_{p}——岩石纵波速度(m/s)；

D——试件的直径(m)。

2 测试纵波速度时，耦合剂可采用凡士林或黄油；测试横波速度时，耦合剂可采用铝箔、铜箔或水杨酸苯脂等固体材料。

3 对非受力状态下的直透法测试，应将试件置于测试架上，换能器应置于试件轴线的两端，并应量测两换能器中心距离。应对换能器施加约0.05MPa的压力，测读纵波或横波在试件中传播时间。受力状态下的测试,宜与单轴压缩变形试验同时进行。

4 需要采用平透法测试时,应将一个发射换能器和两个(或两个以上)接收换能器置于试件的同一侧的一条直线上,应量测发射换能器中心至每一接收换能器中心的距离,并应测读纵波或横波在试件中传播时间。

5 直透法测试结束后,应测定声波在不同长度的标准有机玻璃棒中的传播时间,应绘制时距曲线,以确定仪器系统的零延时。也可将发射、接收换能器对接测读零延时。

6 使用切变振动模式的横波换能器时,收、发换能器的振动方向应一致。

5.1.7 距离应准确至1mm,时间应准确至0.1μs。

5.1.8 测试成果整理应符合下列要求:

1 岩石纵波速度、横波速度应分别按下列公式计算:

$$v_p = \frac{L}{t_p - t_0} \tag{5.1.8-1}$$

$$v_s = \frac{L}{t_s - t_0} \tag{5.1.8-2}$$

$$v_p = \frac{L_2 - L_1}{t_{p2} - t_{p1}} \tag{5.1.8-3}$$

$$v_s = \frac{L_2 - L_1}{t_{s2} - t_{s1}} \tag{5.1.8-4}$$

式中:v_p——纵波速度(m/s);

v_s——横波速度(m/s);

L——发射、接收换能器中心间的距离(m);

t_p——直透法纵波的传播时间(s);

t_s——直透法横波的传播时间(s);

t_0——仪器系统的零延时(s);

$L_1(L_2)$——平透法发射换能器至第一(二)个接收换能器两中心的距离(m);

$t_{p1}(t_{s1})$——平透法发射换能器至第一个接收换能器纵(横)波的

传播时间(s);

$t_{p2}(t_{s2})$——平透法发射换能器至第二个接收换能器纵(横)波的传播时间(s)。

2 岩石各种动弹性参数应分别按下列公式计算:

$$E_d = \rho v_p^2 \frac{(1+\mu)(1-2\mu)}{1-\mu} \times 10^{-3} \tag{5.1.8-5}$$

$$E_d = 2\rho v_s^2 (1+\mu) \times 10^{-3} \tag{5.1.8-6}$$

$$\mu_d = \frac{\left(\frac{v_p}{v_s}\right)^2 - 2}{2\left[\left(\frac{v_p}{v_s}\right)^2 - 1\right]} \tag{5.1.8-7}$$

$$G_d = \rho v_s^2 \times 10^{-3} \tag{5.1.8-8}$$

$$\lambda_d = \rho(v_p^2 - 2v_s^2) \times 10^{-3} \tag{5.1.8-9}$$

$$K_d = \rho \frac{3v_p^2 - 4v_s^2}{3} \times 10^{-3} \tag{5.1.8-10}$$

式中:E_d——岩石动弹性模量(MPa);

μ_d——岩石动泊松比;

G_d——岩石动刚性模量或动剪切模量(MPa);

λ_d——岩石动拉梅系数(MPa);

K_d——岩石动体积模量(MPa);

ρ——岩石密度(g/cm^3)。

3 计算值应取三位有效数字。

5.1.9 岩石声波速度测试记录应包括工程名称、取样位置、试件编号、试件描述、试件尺寸、测试方法、换能器间的距离,声波传播时间,仪器系统零延时。

5.2 岩体声波速度测试

5.2.1 各类岩体均可采用岩体声波速度测试。

5.2.2 测点布置应符合下列要求:

1 测点可选择在洞室、钻孔、风钻孔或地表露头。

2　测线应根据岩体特性布置：当测点岩性为各向同性时，测线应按直线布置；当测点岩性为各向异性时，测线应分别按平行或垂直岩体的主要结构面布置。

3　相邻两测点的距离，宜根据声波激发方式确定：当采用换能器发射声波时，测距宜为1m～3m；当采用锤击法激发声波时，测距不应小于3m；当采用电火花激发声波时，测距宜为10m～30m。

4　单孔测试时，源距宜为0.3m～0.5m，换能器每次移动距离不宜小于0.2m。

5　在钻孔或风钻孔中进行孔间穿透测试时，两换能器每次移动距离宜为0.2m～1.0m。

5.2.3　测点地质描述应包括下列内容：

1　岩石名称、颜色、矿物成分、结构、构造、风化程度、胶结物性质等。

2　岩体结构面的产状、宽度、粗糙程度、充填物性质、延伸情况等。

3　层理、节理、裂隙的延伸方向与测线关系。

4　测线、测点平面地质图、展示图及剖面图。

5　钻孔柱状图。

5.2.4　应包括下列主要仪器和设备：

1　岩体声波参数测定仪。

2　孔中发射、接收换能器。

3　一发双收单孔测试换能器。

4　弯曲式接收换能器。

5　夹心式发射换能器。

6　干孔测试设备。

7　声波激发锤。

8　电火花振源。

9　仰孔注水设备。

10 测孔换能器扶位器。

5.2.5 岩体表面平透法测试准备应符合下列规定：

1 测点表面应大致修凿平整，对各测点应进行编号。

2 应擦净测点表面，将换能器放置在测点上，并应压紧换能器。在试点和换能器之间，应有耦合剂。纵波换能器可涂1mm～2mm厚的凡士林或黄油作为耦合剂，横波换能器可采用多层铝箔或铜箔作为耦合剂。

3 应量测发射换能器或锤击点与接收换能器之间的距离，测距相对误差应小于1%。

5.2.6 钻孔或风钻孔中岩体测试准备应符合下列要求：

1 钻孔或风钻孔应冲洗干净，孔内应注满水，并应对各孔进行编号。

2 进行孔间穿透测试时，应量测两孔口中心点的距离，测距相对误差应小于1%。当两孔轴线不平行时，应量测钻孔或风钻孔轴线的倾角和方位角，计算不同深度处两测点的距离。

3 进行单孔平透折射波法测试采用一发双收时，应安装扶位器。

4 对向上倾的斜孔，应采取供水、止水措施。

5 根据需要可采用干孔测试。

5.2.7 仪器和设备安装应符合下列要求：

1 应检查仪器接头性状、仪器接线情况及开机后仪器和换能器的工作状态。在洞室中进行测试时，应注意仪器防潮。

2 采用换能器发射声波时，应将仪器置于内同步工作方式。

3 采用锤击或电火花振源激发声波时，应将仪器置于外同步方式。

5.2.8 测试应按下列步骤进行：

1 可将荧光屏上的光标（游标）关门讯号调整到纵波或横波初至位置，应测读声波传播时间，或利用自动关门装置测读声波传播时间。

2 每一对测点应读数3次，最大读数之差不宜大于3%。

3 测试结束，应采用绘制岩体的，或者水的、空气的时距曲线方法，确定仪器系统的零延时。采用发射换能器发射声波时，也可采用有机玻璃棒或换能器对接方式确定仪器系统的零延时。

4 测试时，应保持测试环境处于安静状态，应避免钻探、爆破、车辆等干扰。

5.2.9 测试成果整理应符合下列要求：

1 岩体声波测试参数计算应符合本标准第5.1.8条的要求。

2 应绘制沿测线或孔深与波速关系曲线。必要时，可列入动弹性参数关系曲线。

3 岩体完整性指数应按下式计算：

$$K_{v} = \left(\frac{v_{pm}}{v_{pr}}\right)^{2} \tag{5.2.9}$$

式中：K_{v}——岩体完整性指数，精确至0.01；

v_{pm}——岩体纵波速度(m/s)；

v_{pr}——岩块纵波速度(m/s)。

5.2.10 岩体声波速度测试记录应包括工程名称、测点编号、测点位置、测试方法、测点描述、测点布置、测点间距、传播时间、仪器系统零延时。

6　岩体应力测试

6.1　浅孔孔壁应变法测试

6.1.1　完整和较完整岩体可采用浅孔孔壁应变法测试，测试深度不宜大于30m。

6.1.2　测点布置应符合下列要求：

1　在同一测段内，岩性应均一、完整。

2　同一测段内，有效测点不应少于2个。

6.1.3　地质描述应包括下列内容：

1　钻孔钻进过程中的情况。

2　岩石名称、结构、构造及主要矿物成分。

3　岩体结构面的类型、产状、宽度、充填物性质。

4　测区的岩体应力现象。

5　区域地质图、测区工程地质图、测点工程地质剖面图和钻孔柱状图。

6.1.4　应包括下列主要仪器和设备：

1　浅孔孔壁应变计或空心包体式孔壁应变计。

2　钻机。

3　金刚石钻头包括小孔径钻头、套钻解除钻头、扩孔器、磨平钻头和锥形钻头。各类钻头规格应与应变计配套。

4　静态电阻应变仪。

5　安装器。

6　岩心围压率定器。

7　钻孔烘烤设备。

6.1.5　测试准备应符合下列要求：

1　应根据测试要求，选择适当场地，安装并固定好钻机，并应按预定的方位角和倾角进行钻进。

2 应用套钻解除钻头钻至预定的测试深度，并应取出岩心，进行描述。

3 应用磨平钻头磨平孔底，并应用锥形钻头打喇叭口。

4 应用小孔径钻头钻中心测试孔，深度应视应变计要求长度而定。中心测试孔应与解除孔同轴，两孔孔轴允许偏差不应大于2mm。

5 中心测试孔钻进过程中，应施力均匀并一次完成，取出岩心进行描述。当孔壁不光滑时，应采用金刚石扩孔器扩孔；当岩心不能满足测试要求时，应重复本条第2款～第4款步骤，直至找到完整岩心位置。

6 应用水冲洗中心测试孔直至回水不含岩粉为止。

7 应根据所选类型的孔壁应变计和黏结剂要求，对中心测试孔孔壁进行干燥处理或清洗。

6.1.6 浅孔孔壁应变计安装应符合下列要求：

1 在中心测试孔孔壁和应变计上应均匀涂上黏结剂。

2 应用安装器将应变计送入中心测试孔，就位定向，施加并保持一定的预压力，应使应变计牢固地黏结在孔壁上。

3 待黏结剂充分固化后，应取出安装器，记录测点方位角、倾角及埋设深度。

4 应检查系统绝缘值，不应小于50MΩ。

6.1.7 空心包体式孔壁应变计安装应符合下列要求：

1 应在应变计内腔的胶管内注满黏结剂胶液。

2 应用安装器将应变计送入中心测试孔，就位定向。应推动安装杆，切断定位销钉，挤出黏结剂。

3 其他应符合本标准第6.1.6条中第3款、第4款的规定。

6.1.8 测试及稳定标准应符合下列规定：

1 应从钻具中引出应变计电缆，连接电阻应变仪。

2 向钻孔内冲水，应每隔10min读数一次，连续三次读数相差不大于 5$\mu\varepsilon$ 时，即认为稳定，应将最后一次读数作为初始读数。

3 用套钻解除钻头在匀压匀速条件下，应进行连续套钻解除，可按每钻进 2cm 读数一次。也可按每钻进 2cm 停钻后读数一次。

4 套钻解除深度应超过孔底应力集中影响区。当解除至一定深度后，应变计读数趋于稳定，可终止钻进。最终解除深度，即应变计中应变丛位置至解除孔孔底深度，不应小于解除岩心外径的 2.0 倍。

5 向钻孔内继续充水，应每隔 10min 读数一次，连续三次读数相差不大于 5$\mu\varepsilon$ 时，可认为稳定，应取最后一次读数作为最终读数。

6 在套钻解除过程中，当发现异常情况时，应及时停钻检查，进行处理并记录。

7 应检查系统绝缘值。退出钻具，应取出装有应变计的岩心，进行描述。

6.1.9 岩心围压试验应按下列步骤进行：

1 现场测试结束后，应将解除后带有应变计的岩心放入岩心围压率定器中，进行围压试验。其间隔时间，不宜超过 24h。

2 应将应变计电缆与电阻应变仪连接，对岩心施加围压。率定的最大压力宜大于预估的岩体最大主应力，或根据围岩率定器的设计压力确定。压力宜分为 5 级～10 级，宜按最大压力等分施加。

3 采用大循环加压时，每级压力下应读数一次，两相邻循环的最大压力读数不超过 5$\mu\varepsilon$ 时，可终止试验，但大循环的次数不应少于 3 次。

4 采用一次逐级加压时，每级压力下应读取稳定读数，每隔 5min 读数一次，连续两次读数相差不大于 5$\mu\varepsilon$ 时，即认为稳定，可施加下一级压力。

6.1.10 测试成果整理应符合下列要求：

1 应根据岩心解除应变值和解除深度，绘制解除过程曲线。

2 应根据围压试验资料，绘制压力与应变关系曲线，并应计算岩石弹性模量。

3 应按本标准附录A的规定计算岩体应力参数。

6.1.11 孔壁应变法测试记录应包括工程名称、钻孔编号、钻孔位置、孔口高程、测点编号、测点位置、测试方法、地质描述、相应于解除深度的各应变片应变值、各应变片及应变丛布置、钻孔轴向方位角和倾角、围压试验资料。

6.2 浅孔孔径变形法测试

6.2.1 完整和较完整岩体可采用浅孔孔径变形法测试，测试深度不宜大于30m。

6.2.2 测点布置应符合下列要求：

1 当测试岩体空间应力状态时，应布置交会于岩体某点的三个测试孔，两个辅助测试孔与主测试孔夹角宜为45°，三个测试孔宜在同一平面内。测点宜布置在交会点附近。

2 其他应符合本标准第6.1.2条的要求。

6.2.3 地质描述应符合本标准第6.1.3条的规定。

6.2.4 应包括下列主要仪器和设备：

1 四分向钢环式孔径变形计。

2 其他应符合本标准第6.1.4条中第2款至第6款的规定。

6.2.5 测试准备应符合本标准第6.1.5条中第1款至第6款的要求。

6.2.6 孔径变形计安装应符合下列规定：

1 应根据中心测试孔直径调整触头长度，孔径变形计应变钢环的预压缩量宜为0.2mm～0.6mm。应将孔径变形计与应变仪连接，应装上定位器后用安装器将变形计送入中心测试孔内。在将孔径变形计送入中心测试孔的同时，应观测应变仪的读数变化情况。

2　将孔径变形计送至预定位置后，应适当锤击安装杆端部，使孔径变形计锥体楔入中心测试孔内，与孔口紧密接触。

3　应退出安装器，记录测点方位角及深度。

4　检查系统绝缘值，不应小于50MΩ。

6.2.7　测试及稳定标准应符合本标准第6.1.8条的规定。

6.2.8　岩心围压试验应按本标准第6.1.9条规定的步骤进行。

6.2.9　测试成果整理应符合下列要求：

1　各级解除深度的相对孔径变形应按下式计算：

$$\varepsilon_i = K\frac{\varepsilon_{ni} - \varepsilon_0}{d} \tag{6.2.9}$$

式中：ε_i——各级解除深度的相对孔径变形；

ε_{ni}——各级解除深度的应变仪读数；

ε_0——初始读数；

K——测量元件率定系数(mm)；

d——中心测试钻孔直径(mm)。

2　应根据套钻解除时应变仪读数计算的相对孔径变形和解除深度，绘制解除过程曲线。

3　应根据围压试验资料，绘制压力与孔径变形关系曲线，计算岩石弹性模量。

4　应按本标准附录A的规定计算岩体应力参数。

6.2.10　孔径变形法测试记录应包括工程名称、钻孔编号、钻孔位置、孔口标高、测点编号、测点位置、测试方法、地质描述、相应于解除深度的各应变片应变值、孔径变形计触头布置、钻孔轴向方位角和倾角、中心测试孔直径、各元件率定系数、围压试验资料。

6.3　浅孔孔底应变法测试

6.3.1　完整和较完整岩体可采用浅孔孔底应变法测试，测试深度不宜大于30m。

6.3.2　测点布置应符合本标准第6.2.2条的要求。

6.3.3 地质描述应符合本标准第 6.1.3 条的规定。

6.3.4 应包括下列主要仪器和设备：

1 孔底应变计。

2 其他应符合本标准第 6.1.4 条的第 2 款至第 7 款的规定。

6.3.5 测试准备应符合下列要求：

1 应根据测试要求，选择适当场地，安装并固定好钻机，按预定的方位角和倾角进行钻进。

2 应用套钻解除钻头钻至预定的测试深度，取出岩心，进行描述。当不能满足测试要求时，应继续钻进，直至找到合适位置。

3 应用粗磨钻头将孔底磨平，再用细磨钻头进行精磨。孔底应平整光滑。

4 应根据所选类型的孔底应变计和黏结剂要求，对孔底进行干燥处理或清洗。

6.3.6 应变计安装应符合下列规定：

1 在孔底平面和孔底应变计底面应分别均匀涂上黏结剂。

2 应用安装器将应变计送至孔底中央部位，经定向定位后对应变计施加一定的预压力，并应使应变计牢固地黏结在孔底上。

3 应待黏结剂充分固化后，取出安装器，应记录测点方位角及埋设深度。

4 检查系统绝缘值，不应小于 50MΩ。

6.3.7 测试及稳定标准应符合下列规定：

1 读取初始读数时，钻孔内冲水时间不宜少于 30min。

2 应每解除 1cm 读数一次。

3 最终解除深度不应小于解除岩心直径的 0.8。

4 其他应符合本标准第 6.1.8 条的规定。

6.3.8 岩心围压试验应按本标准第 6.1.9 条规定的步骤进行。试验时应变计应位于围压器中间，另一端应接装直径和岩性相同的岩心。

6.3.9 测试成果整理应符合下列要求：

1 应根据岩心解除应变值和解除深度，绘制解除过程曲线。

2 应根据围压试验资料，绘制压力与应变关系曲线，计算岩石弹性模量。

3 应按本标准附录A的规定计算岩体应力参数。

6.3.10 孔底应变计测试记录应包括工程名称、钻孔编号、钻孔位置、孔口标高、测点编号、测点位置、测试方法、地质描述、相应于解除深度的各应变片应变值、各应变片位置、钻孔轴向方位角和倾角、围压试验资料。

6.4 水压致裂法测试

6.4.1 完整和较完整岩体可采用水压致裂法测试。

6.4.2 测点布置应符合下列规定：

1 测点的加压段长度应大于测试孔直径的6.0倍。加压段的岩性应均一、完整。

2 加压段与封隔段岩体的透水率不宜大于1Lu。

3 应根据钻孔岩心柱状图或钻孔电视选择测点。同一测试孔内测点的数量，应根据地形地质条件、岩心变化、测试孔孔深而定。两测点间距宜大于3m。

6.4.3 地质描述应包括下列内容：

1 测试钻孔的透水性指标。

2 测试钻孔地下水位。

3 其他应符合本标准第6.1.3条的要求。

6.4.4 应包括下列主要仪器和设备：

1 钻机。

2 高压大流量水泵。

3 联结管路。

4 封隔器。

5 压力表和压力传感器。

6 流量表和流量传感器。

7 函数记录仪。

8 印模器或钻孔电视。

6.4.5 测试准备应符合下列规定：

1 应根据测试要求，在选定部位按预定的方位角和倾角进行钻孔。测试孔孔径应满足封隔器要求，孔壁应光滑，孔深宜超过预定测试部位10m。测试孔应进行压水试验。

2 测试孔应全孔取心，每一回次应进行冲孔，终孔时孔底沉淀不宜超过0.5m。应量测岩体内稳定地下水位。

3 对联结管路应进行密封性能试验，试验压力不应小于15MPa，或为预估破裂压力的1.5倍。

6.4.6 仪器安装应符合下列要求：

1 加压系统宜采用双回路加压，分别向封隔器和加压段施加压力。

2 应按仪器使用要求，将两个封隔器按加压段要求的距离串接，并应用联结管路通过压力表与水泵相连。

3 加压段应用联结管路通过流量计、压力表与水泵相连，在管路中接入压力传感器与流量传感器，并应接入函数记录仪。

4 应将组装后的封隔器用安装器送入测试孔预定测点的加压段，对封隔器进行充水加压，使封隔器座封与测试孔孔壁紧密接触，形成充水加压孔段。施加的压力应小于预估的测试岩体破裂缝的重张压力。

6.4.7 测试及稳定标准应符合下列规定：

1 打开函数记录仪，应同时记录压力与时间关系曲线和流量与时间关系曲线。

2 应对加压段进行充水加压，按预估的压力稳定地升压，加压时间不宜少于1min，加压时应观察关系曲线的变化。岩体的破裂压力值应在压力上升至曲线出现拐点、压力突然下降、流量急剧上升时读取。

3 瞬时关闭压力值应在关闭水泵、压力下降并趋于稳定时读取。

4 应打开水泵阀门进行卸压退零。

5 应按本条第2款至第4款继续进行加压、卸压循环，此时的峰值压力即为岩体的重张压力。循环次数不宜少于3次。

6 测试结束后，应将封隔器内压力退至零，在测试孔内移动封隔器，应按本条第2款～第5款进行下一测点的测试。测试应自孔底向孔口逐点进行。

7 全孔测试结束后，应从测试孔中取出封隔器，用印模器或钻孔电视记录加压段岩体裂缝的长度和方向。裂缝的方向应为最大平面主应力的方向。

6.4.8 测试成果整理应符合下列要求：

1 应根据压力与时间关系曲线和流量与时间关系曲线确定各循环特征点参数。

2 岩体钻孔横截面上岩体平面最小主应力应分别按下列公式计算：

$$S_h = p_s \tag{6.4.8-1}$$

$$S_H = 3S_h - p_b - p_0 + \sigma_t \tag{6.4.8-2}$$

$$S_H = 3p_s - p_r - p_0 \tag{6.4.8-3}$$

式中：S_h——钻孔横截面上岩体平面最小主应力（MPa）；

S_H——钻孔横截面上岩体平面最大主应力（MPa）；

σ_t——岩体抗拉强度（MPa）；

p_s——瞬时关闭压力（MPa）；

p_r——重张压力（MPa）；

p_b——破裂压力（MPa）；

p_0——岩体孔隙水压力（MPa）。

3 钻孔横截面上岩体平面最大主应力计算时，应视岩性和测试情况选择式（6.4.8-2）或式（6.4.8-3）之一进行计算。

4 应根据印模器或钻孔电视记录，绘制裂缝形状、长度图，并应据此确定岩体平面最大主应力方向。

5 当压力传感器与测点有高程差时，岩体应力应叠加静水压力。岩体孔隙水压力可采用岩体内稳定地下水位在测点处的静水压力。

6 应绘制岩体应力与测试深度关系曲线。

6.4.9 水力致裂法测试记录应包括工程名称、钻孔编号、钻孔位置、孔口高程、钻孔轴向方位角和倾角、测点编号、测点位置、测试方法、地质描述、压力与时间关系曲线、流量与时间关系曲线、最大主应力方向。

7 岩体观测

7.1 围岩收敛观测

7.1.1 各类岩体均可采用围岩收敛观测。

7.1.2 观测布置应符合下列规定：

1 应根据地质条件、围岩应力、施工方法、断面形式、支护形式及围岩的时间和空间效应等因素，按一定的间距选择观测断面和测点位置。

2 观测断面间距宜大于2倍洞径。

3 初测观测断面宜靠近开挖掌子面，距离不宜大于1.0m。

4 基线的数量和方向，应根据围岩的变形条件及洞室的形状和大小确定。

7.1.3 地质描述应包括下列内容：

1 观测段的岩石名称、结构构造、岩层产状及主要矿物成分。

2 岩体结构面的类型、产状、宽度及充填物性质。

3 地下洞室开挖过程中岩体应力特征。

4 水文地质条件。

5 观测断面地质剖面图和观测段地质展视图。

7.1.4 应包括下列主要仪器和设备：

1 卷尺式收敛计。

2 测桩及保护装置。

3 温度计。

7.1.5 测点安装应符合下列要求：

1 应清除测点埋设处的松动岩石。

2 应用钻孔工具在选定的测点处垂直洞壁钻孔，并应将测桩固定在孔内。测桩端头宜位于岩体表面，不宜出露过长。

3　测点应设保护装置。

7.1.6　观测准备应包括下列内容：

1　对于同一工程部位进行收敛观测，应使用同一收敛计。

2　需要对收敛计进行更换时，应重新建立基准值。

3　收敛计应在观测前进行标定。

7.1.7　观测应按下列步骤进行：

1　应将测桩端头擦拭干净。

2　应将收敛计两端分别固定在基线两端测桩的端头上，并应按基线长度固定尺长。钢尺不应受扭。

3　应根据基线长度确定的收敛计恒定张力，调节张力装置，读取观测值，然后松开张力装置。

4　每次观测应重复测读3次，3次观测读数的最大差值不应大于收敛计的精度范围。应取3次读数的平均值作为观测读数值，第1次观测读数值应作为观测基准值。

5　应量测环境温度。

6　观测时间间隔应根据观测目的、工程需要和围岩收敛情况确定。

7　应记录工程施工或运行情况。

7.1.8　观测成果整理应符合下列要求：

1　应根据仪器使用要求，计算基线观测长度。

2　经温度修正的实际收敛值应按下式计算：

$$\Delta L_i = L_0 - [L_i + \alpha L_0 (T_i - T_0)] \tag{7.1.8}$$

式中：ΔL_i——实际收敛值(mm)；

L_0——基线基准长度(mm)；

L_i——基线观测长度(mm)；

α——收敛计系统温度线胀系数(1/℃)；

T_i——收敛计观测时的环境温度(℃)；

T_0——收敛计第一次读数时的环境温度(℃)。

3　应绘制收敛值与时间关系曲线、收敛值与开挖空间变化关系曲线。

4　需要进行收敛观测各测点位移的分配计算时，可根据测点的布置形式选择相应的计算方法进行。

7.1.9　围岩收敛观测记录应包括工程名称、观测段和观测断面及观测点的位置与编号、地质描述、收敛计编号、观测时间、观测读数、基线长度、环境温度、工程施工或运行情况。

7.2　钻孔轴向岩体位移观测

7.2.1　各类岩体均可采用钻孔轴向岩体位移观测，观测深度不宜大于60m。

7.2.2　观测布置应符合下列要求：

1　观测断面及断面上观测孔的数量，应根据工程规模、工程特点和地质条件确定。

2　观测孔的位置、方向和深度，应根据观测目的和地质条件确定。观测孔的深度宜大于最深测点0.5m～1.0m。

3　观测孔中测点的位置，宜根据位移变化梯度确定，位移变化大的部位宜加密测点。测点宜避开构造破碎带。

4　当以最深点为绝对位移基准点时，最深点应设置在应力扰动区外。

5　当有条件时，位移计可在开挖前进行预埋，或在同一断面上的重要部位选择1孔～2孔进行预埋。预埋孔中最深测点，距开挖面距离宜大于1.0m。

6　当无条件进行预埋时，埋设断面距掌子面不宜大于1.0m。当工程开挖为分台阶开挖时，可在下一台阶开挖前进行埋设。

7.2.3　地质描述应包括下列内容：

1　观测区段的岩石名称、岩性及地质分层。

2　岩体结构面的类型、产状、宽度及充填物性质。

3　观测孔钻孔柱状图、观测区段地质纵横剖面图和观测区段平面地质图。

7.2.4 应包括下列主要仪器设备：

1 钻孔设备。

2 杆式轴向位移计。

3 读数仪。

4 安装器。

5 灌浆设备。

7.2.5 观测准备应符合下列规定：

1 在预定部位应按要求的孔径、方向和深度钻孔。孔口松动岩石应清除干净，孔口应平整。

2 应清洗钻孔，检查钻孔通畅程度。

3 应根据钻孔岩心柱状图和观测要求，确定测点位置和选择锚头类型。

7.2.6 仪器安装应符合下列要求：

1 应根据位移计的安装要求，进行位移计安装。应按确定的测点位置，由孔底向孔口逐点安装各测点，最后安装孔口装置。并联式位移计安装时，应防止各测点间传递位移的连接杆相互干扰。

2 应根据锚头类型和安装要求，逐点固定锚头。当使用灌浆锚头时，应预置灌浆管和排气管。

3 安装位移传感器时应对传感器和观测电缆进行编号。调整每个测点的初始读数，当采用灌浆锚头时，应在浆液充分固化后进行。

4 需要设置集线箱时，位移传感器通过观测电缆应按编号接入集成箱。

5 孔口、观测电缆、集线箱应设保护装置。

6 仪器安装情况应进行记录。

7.2.7 观测应按下列步骤进行：

1 应在连接读数仪后进行观测。

2 每个测点宜重复测读 3 次，3 次读数的最大差值不应大于读数仪的精度范围。应取 3 次读数的平均值作为观测读数值，第

1 次观测读数值应作为观测基准值。

3 观测时间间隔应根据观测目的、工程需要和岩体位移情况确定。

4 应记录工程施工或运行情况。

7.2.8 观测成果整理应符合下列要求：

1 应计算各测点位移。

2 应绘制测点位移与时间关系曲线。

3 应绘制观测孔位移与孔深关系曲线。

4 应绘制观测断面上，各观测孔的位移与孔深关系曲线。

5 应选择典型观测孔，绘制各测点位移与开挖面距离变化的关系曲线。

7.2.9 钻孔轴向岩体位移观测记录应包括工程名称、观测断面和观测孔及测点的位置与编号、地质描述、仪器安装记录、读数仪编号、传感器编号、观测时间、观测读数、工程施工或运行情况。

7.3 钻孔横向岩体位移观测

7.3.1 各类岩体均可采用铅垂向钻孔进行钻孔横向岩体位移观测。

7.3.2 观测布置应符合下列要求：

1 观测断面及断面上观测孔的数量，应根据工程规模、工程特点和地质条件确定。

2 观测断面方向宜与预计的岩体最大位移方向或倾斜方向一致。

3 观测孔应根据地质条件和岩体受力状态布置在最有可能产生滑移、倾斜或对工程施工及运行安全影响最大的部位。

4 观测孔的深度宜超过预计最深滑移带或倾斜岩体底部 5m。

7.3.3 地质描述应包括下列内容：

1 观测区段的岩石名称、岩性及地质分层。

2　岩体结构面的类型、产状、宽度及充填物性质。

3　观测孔钻孔柱状图、观测区段地质纵横剖面图和观测区段平面地质图。

7.3.4　应包括下列主要仪器和设备：

1　钻孔设备。

2　伺服加速度计式滑动测斜仪。

3　模拟测头。

4　测斜管和管接头。

5　安装设备。

6　灌浆设备。

7　测扭仪。

7.3.5　观测准备应符合下列要求：

1　应在预定部位按要求的孔径和深度进行铅垂向钻孔。观测孔孔径宜大于测斜管外径50mm。

2　应清洗钻孔，检查钻孔通畅程度。

3　应进行全孔取心，绘制钻孔柱状图，并应记录钻进过程中的情况。

7.3.6　测斜管安装应符合下列要求：

1　应按要求长度将测斜管进行逐节预接，打好铆钉孔，在对接处作好对准标记并编号，底部测斜管应进行密封。对接处导槽应对准，铆钉孔应避开导槽。

2　应按测斜管的对准标记和编号逐节对接、固定和密封后，逐节吊入观测孔内，直至将测斜管全部下入观测孔内。

3　应调整导槽方向，其中一对导槽方向宜与预计的岩体位移或倾斜方向一致。用模拟测头检查导槽畅通无阻后，将测斜管就位锁紧。

4　应在测斜管内灌注洁净水，必要时施加压重。

5　应封闭测斜管管口，并应将灌浆管沿测斜管外侧下入孔内至孔底以上1m处，进行灌浆。待浆液从孔口溢出，溢出的浆液与灌入浆液相同时,边灌浆边取出灌浆管。浆液应按要求配制。

6 灌浆结束后,孔口应设保护装置。

7 测斜管安装情况应进行记录。

7.3.7 观测应按下列步骤进行:

1 应待浆液充分固化后,量测测斜管导槽方位。

2 应用模拟测头检查测斜管导槽通畅程度。必要时,应用测扭仪测导槽的扭曲度。

3 使测斜仪处于工作状态,应将测头导轮插入测斜管导槽,缓慢地下至孔底,由孔底自下而上进行连续观测,并应记录测点观测读数和测点深度。测读完成后,应将测头旋转180°插入同一对导槽内,并按上述步骤再测读1次,测点深度应与第1次相同。

4 测读完一对导槽后,应将测头旋转90°,并应按本条第3款步骤测另一对导槽两个方向的观测读数。

5 每次观测时,应保持测点在同一深度上。同一深度一对导槽正反两次观测读数的误差应满足仪器精度要求,取两次读数的平均值作为观测读数值。

6 应取第1次的观测读数值作为观测基准值。也可在浆液固化后,按一定的时间间隔进行观测,取其读数稳定值作为观测基准值。

7 当读数有异常时,应及时补测,或分析原因后采取相应措施。

8 观测时间间隔,应根据工程需要和岩体位移情况确定。

9 应记录工程施工或运行情况。

7.3.8 观测成果整理应符合下列要求:

1 应根据仪器要求,计算各测点位移和累积位移。

2 应绘制位移与深度关系曲线,并附钻孔柱状图。

3 应绘制各观测时间的位移与深度关系曲线。

4 对有明显位移的部位,应绘制该深度的位移与时间关系曲线。

5　应根据需要，计算测点的位移矢量及其方位角，绘制位移矢量与深度关系曲线，以及方位角与深度关系曲线、测区位移矢量平面分布图。

7.3.9　钻孔横向岩体位移观测记录应包括工程名称、观测区和观测断面位置和编号、观测孔位置和编号、测点位置和编号、导槽方向、地质描述、测斜管安装记录、测斜仪编号、观测时间、观测读数、工程施工或运行情况。

7.4　岩体表面倾斜观测

7.4.1　各类岩体均可采用岩体表面倾斜观测。

7.4.2　观测布置应符合下列要求：

1　观测范围、测点的位置和数量应根据工程规模、工程特点和地质条件确定。

2　测点应布置在能反映岩体整体倾斜趋势的部位。

3　测点宜直接布置在岩体表面。当条件无法满足时，也可采用浇筑混凝土墩与岩体连接。

4　需要设置参照基准测点时，应布置在受扰动岩体范围外的稳定岩体上。

5　测点应设置在方便观测的位置，并有观测通道。

7.4.3　地质描述应包括下列内容：

1　岩石名称、结构、主要矿物成分。

2　岩体主要结构面类型、产状、宽度、充填物性质。

3　岩体风化程度及范围。

4　观测区工程地质平面图。

7.4.4　应包括下列主要仪器和设备：

1　倾角计。

2　读数仪。

3　基准板。

7.4.5　测点安装应符合下列规定：

1　基准板宜水平向布置。

2　应在预定的测点部位，清理出50cm×50cm的新鲜岩面，清洗后用水泥浆或黏结胶按预计最大倾斜方向将基准板固定在岩面上。

3　根据岩体的风化程度或完整性，可采用锚杆将岩体连成一整体，或开挖一定深度后，先设置锚杆再浇筑混凝土墩。混凝土墩断面尺寸宜为50cm×50cm，并应高出岩体表面约20cm，按本条第1款要求固定基准板。

4　根据需要，基准板也可任意向布置。采用任意向布置时，应按本条第2款要求固定基准板。

5　基准板应设保护装置。水泥浆和混凝土应进行养护。

6　测点安装情况应进行记录。

7.4.6　观测应按下列步骤进行：

1　应擦净基准板表面和倾角计底面，应按基准板上要求的方向将倾角计安装在基准板上后进行测读，记录观测读数。

2　每次观测应重复测读3次，3次观测读数的最大差值不应大于读数仪的允许误差，取3次读数的平均值作为观测读数值。

3　应将倾角计旋转180°进行安装，并应按本条第1款、第2款步骤测读倾角计旋转180°后的观测读数值。

4　应将倾角计旋转90°，并应按本条第1款至第3款步骤测读另一方向的观测读数值。

5　应取第一次的一组观测读数值作为观测基准值。

6　参照基准测点应在同一观测时间内进行测读。

7　观测时间间隔应根据工程需要和岩体位移情况确定。

8　应记录工程施工或运行情况。

7.4.7　观测成果整理应符合下列要求：

1　应根据观测读数值和倾角计给定的关系式，计算两个方向的角位移。

2　根据需要，可计算最大角位移及其方向。

3 应绘制角位移和时间关系曲线。根据需要，可绘制观测区平面矢量图。

7.4.8 岩体表面倾斜观测记录应包括工程名称、观测区和观测点位置和编号、观测方向、地质描述、测角计编号、读数仪编号、观测时间、观测读数、工程施工或运行情况。

7.5 岩体渗压观测

7.5.1 各类岩体均可采用岩体渗压观测。

7.5.2 观测布置应符合下列要求：

1 应根据工程区的工程地质和水文地质条件、工程采取的防渗和排水措施选择观测断面和测点位置。

2 观测断面应选择在断面渗压分布变化较大部位，断面方向宜平行渗流方向。

3 测点应布置在渗压坡降大的部位、防渗或排水设施上下游、相对隔水层两侧、不同渗透介质的接触面、可能产生渗透稳定破坏的部位、工程需要观测的部位。

4 应利用已有的孔、井、地下水出露点布置测点。

5 应根据不同的观测目的、岩体结构条件、岩体渗流特性及仪器埋设条件，选用测压管或渗压计进行观测。对于重要部位，宜采用不同类型仪器进行平行观测。

7.5.3 地质描述应包括下列内容：

1 岩石名称、结构、主要矿物成分。

2 观测孔钻孔柱状图，并附钻孔透水性指标。

3 观测区工程地质、水文地质图。

7.5.4 应包括下列主要仪器和设备：

1 钻孔设备。

2 灌浆设备。

3 测压管：由进水管和导管组成。

4 水位计或测绳。

5　压力表。

6　渗压计。

7　读数仪。

7.5.5　测压管安装应符合下列规定：

1　应在预定部位按要求的孔径、方向和深度钻孔，清洗钻孔。钻孔方向除有专门要求外，宜选择铅垂向。

2　钻孔应进行全孔取心，绘制钻孔柱状图。对需要布置测点的孔段，应进行压水试验。

3　应根据钻孔柱状图、压水试验成果、工程要求确定测点位置和观测段长度。

4　应根据测点位置，计算导管和进水管长度。用于点压力观测的进水管长度不宜大于 0.5m。进水管底部应预留 0.5m 长的沉淀管段。

5　应在钻孔底部填入约 0.3m 厚的中砾石层。

6　将测压管的进水管和导管依次连接放入孔内，顶部宜高出地面 1.0m。连接处应密封，孔口应保护。必要时，进水管应设置反滤层。

7　应在测压管和孔壁间隙中填入中砾石至进水管顶部，再填入 1.0m 厚的中细砂，上部充填水泥砂浆或水泥膨润土浆至孔口。

8　当全孔处于完整和较完整岩体中时，可不安装测压管，应安装管口装置。

9　需要进行分层观测渗压时，可采用一孔多管式，应在各进水管间采用封闭隔离措施。

10　当测压管水平向安装时，钻孔宜向下倾斜，倾角约 3°。

11　仪器安装情况应进行记录。

7.5.6　渗压计安装应符合下列要求：

1　应按本标准第 7.5.5 条中第 1 款至第 3 款要求进行钻孔并确定测点位置。测点观测段长不应小于 1.0m。

2　应向孔内填入中粗砂至渗压计埋设位置，厚度不应小于

0.4m。应将装有经预饱和渗压计的细砂包置于砂层顶部，引出观测电缆。渗压计在埋设前和定位后，应检查渗压计使用状态。

3 应填入中砂至观测段顶部，再填入厚 1.0m 的细砂，上部充填水泥砂浆或膨润土至孔口。

4 在干孔中填砂后，加水使砂层达到饱和。

5 分层观测渗压时，可在一个钻孔内埋设多个渗压计，应对渗压计和观测电缆进行编号。应在各观测段间采取封闭隔离措施。

6 观测点压力时，观测段长度不应大于 0.5m。

7 进行岩体和混凝土接触面渗压观测时，应在岩体测点部位表面，选择有透水裂隙通过处挖槽，先铺设中粗砂，放入装有经预饱和渗压计的细砂包，引出观测电缆，用水泥砂浆封闭。

8 需要设置集线箱时，渗压计应通过观测电缆按编号接入集线箱。应量测观测电缆长度。

9 观测电缆、集线箱应设保护装置。

10 仪器安装情况应进行记录。

7.5.7 观测应按下列步骤进行：

1 无压测压管水位可采用测绳或水位计观测，观测读数应准确至 0.01m。

2 有压测压管应在管口安装压力表，应读取压力表值，并应估读至 0.1 格。如水位变化缓慢，开始阶段可采用本条第 1 款方法观测，当水位溢出管口时，再安装压力表。当压力长期低于压力表量程的 1/3，或压力超过压力表量程的 2/3 时，应更换压力表。

3 渗压计每次观测读数不应少于 2 次，当相邻 2 次读数不大于读数仪允许误差时，应取 2 次读数平均值作为观测读数值。

4 测压管和渗压计观测时间间隔应根据工程需要和渗压变化情况确定。

5 应记录工程施工或运行情况。

7.5.8 观测成果整理应符合下列要求：

1　应根据测压管读数和孔口高程计算水位。

2　应根据渗压计要求，计算岩体渗压值。

3　应绘制水位或渗压与时间关系曲线。当地面水水位与渗压有关时，应同时绘制地面水水位与时间关系曲线。

4　应绘制水位或渗压沿断面方向分布曲线。

7.5.9　岩体渗压观测记录应包括工程名称、观测断面位置和编号、测点位置和编号、地质描述、水位计或压力表或渗压计型号和编号、观测电缆型号和长度、读数仪编号、观测时间、观测读数、工程施工或运行情况。

附录A 岩体应力参数计算

A.1 孔壁应变法计算

A.1.1 孔壁应变法大地坐标系中空间应力分量应分别按下列公式计算：

$$E\varepsilon_{ij} = A_{xx}\sigma_{x} + A_{yy}\sigma_{y} + A_{zz}\sigma_{z} + A_{xy}\tau_{xy} + A_{yz}\tau_{yz} + A_{zx}\tau_{zx} \tag{A.1.1-1}$$

$$A_{xx} = (l_x^2 + l_y^2 - \mu l_z^2)\sin^2\varphi_{ij} - [\mu(l_x^2 + l_y^2) - l_z^2]\cos^2\varphi_{ij} - 2(1-\mu^2)[(l_x^2 - l_y^2)\cos 2\theta_i + 2l_x l_y \sin 2\theta_i]\sin^2\varphi_{ij} + 2(1+\mu)(l_y l_z \cos\theta_i - l_x l_z \sin\theta_i)\sin 2\varphi_{ij} \tag{A.1.1-2}$$

$$A_{yy} = (m_x^2 + m_y^2 - \mu m_z^2)\sin^2\varphi_{ij} - [\mu(m_x^2 + m_y^2) - m_z^2]\cos^2\varphi_{ij} - 2(1-\mu^2)[(m_x^2 - m_y^2)\cos 2\theta_i + 2m_x m_y \sin 2\theta_i]\sin^2\varphi_{ij} + 2(1+\mu)(m_y m_z \cos\theta_i - m_x m_z \sin\theta_i)\sin 2\varphi_{ij} \tag{A.1.1-3}$$

$$A_{zz} = (n_x^2 + n_y^2 - \mu n_z^2)\sin^2\varphi_{ij} - [\mu(n_x^2 + n_y^2) - n_z^2]\cos^2\varphi_{ij} - 2(1-\mu^2)[(n_x^2 - n_y^2)\cos 2\theta_i + 2n_x n_y \sin 2\theta_i]\sin^2\varphi_{ij} + 2(1+\mu)(n_y n_z \cos\theta_i - n_x n_z \sin\theta_i)\sin 2\varphi_{ij} \tag{A.1.1-4}$$

$$A_{xy} = 2(l_x m_x + l_y m_y - \mu l_z m_z)\sin^2\varphi_{ij} - 2[\mu(l_x m_x + l_y m_y) - l_z m_z]\cos^2\varphi_{ij} - 4(1-\mu^2)[(l_x m_x - l_y m_y)\cos 2\theta_i + (l_x m_y + l_y m_x)\sin 2\theta_i]\sin^2\varphi_{ij} + 2(1+\mu)[(l_y m_z + l_z m_y)\cos\theta_i - (l_x m_z + l_z m_x)\sin\theta_i]\sin 2\varphi_{ij} \tag{A.1.1-5}$$

$$A_{yz} = 2(m_x n_x + m_y n_y - \mu m_z n_z)\sin^2\varphi_{ij} - 2[\mu(m_x n_x + m_y n_y) - m_z n_z]\cos^2\varphi_{ij} - 4(1-\mu^2)[(m_x n_x - m_y n_y)\cos 2\theta_i + (m_x n_y + m_y n_x)\sin 2\theta_i]\sin^2\varphi_{ij} + 2(1+\mu)[(m_y n_z + m_z n_y)\cos\theta_i - (m_x n_z + m_z n_x)\sin\theta_i]\sin 2\varphi_{ij} \tag{A.1.1-6}$$

$$A_{zx} = 2(n_x l_x + n_y l_y - \mu n_z l_z)\sin^2\varphi_{ij} - 2[\mu(n_x l_x + n_y l_y) -$$

$$n_z l_z]\cos^2\varphi_{ij} - 4(1-\mu^2)[(n_x l_x - n_y l_y)\cos 2\theta_i +$$
$$(n_x l_y + n_y l_x)\sin 2\theta_i]\sin^2\varphi_{ij} +$$
$$2(1+\mu)[(n_y l_z + n_z l_y)\cos\theta_i -$$
$$(n_x l_z + n_z l_x)\sin\theta_i]\sin 2\varphi_{ij} \qquad (A.1.1\text{-}7)$$

式中：

E——岩体弹性模量(MPa)；

ε_{ij}——序号为 i 应变丛中序号为 j 应变片的应变计算值；

μ——岩体泊松比；

φ_{ij}——序号为 i 应变丛中序号为 j 应变片的倾角(°)；

θ_i——序号为 i 应变丛的极角(°)；

$\sigma_x, \sigma_y, \sigma_z, \tau_{xy}, \tau_{yz}, \tau_{zx}$——岩体空间应力分量(MPa)；

$A_{xx}, A_{yy}, A_{zz}, A_{xy}, A_{yz}, A_{zx}$——应力系数；

$l_x, m_x, n_x; l_y, m_y, n_y; l_z, m_z, n_z$——测试钻孔坐标系各轴对于大地坐标系的方向余弦。

A.1.2 采用空心包体进行孔壁应变法测试时，在计算中应根据空心包体几何尺寸、材料变形参数进行修正。空心包体应提供有关技术参数。

A.2 孔径变形法计算

A.2.1 孔径变形法大地坐标系中空间应力分量应分别按下列公式计算：

$$E\varepsilon_{ij} = A^i_{xx}\sigma_x + A^i_{yy}\sigma_y + A^i_{zz}\sigma_z + A^i_{xy}\tau_{xy} + A^i_{yz}\tau_{yz} + A^i_{zx}\tau_{zx} \qquad (A.2.1\text{-}1)$$

$$A^i_{xx} = l^2_{xi} + l^2_{yi} - \mu l^2_{zi} + 2(1-\mu^2)[(l^2_{xi} - l^2_{yi})\cos 2\theta_{ij} + 2l_{xi}l_{yi}\sin 2\theta_{ij}] \qquad (A.2.1\text{-}2)$$

$$A^i_{yy} = m^2_{xi} + m^2_{yi} - \mu m^2_{zi} + 2(1-\mu^2)[(m^2_{xi} - m^2_{yi})\cos 2\theta_{ij} + 2m_{xi}m_{yi}\sin 2\theta_{ij}] \qquad (A.2.1\text{-}3)$$

$$A^i_{zz} = n^2_{xi} + n^2_{yi} - \mu n^2_{zi} + 2(1-\mu^2)[(n^2_{xi} -$$

$$n_{yi}^2)\cos 2\theta_{ij} + 2n_{xi}n_{yi}\sin 2\theta_{ij}] \quad (A.2.1\text{-}4)$$

$$A_{xy}^i = 2(l_{xi}m_{xi} + l_{yi}m_{yi} - \mu l_{zi}m_{zi}) + 4(1-\mu^2)[(l_{xi}m_{xi} - l_{yi}m_{yi})\cos 2\theta_{ij} + (l_{xi}m_{yi} + m_{xi}l_{yi})\sin 2\theta_{ij}] \quad (A.2.1\text{-}5)$$

$$A_{yz}^i = 2(m_{xi}n_{xi} + m_{yi}n_{yi} - \mu m_{zi}n_{zi}) + 4(1-\mu^2)[(m_{xi}n_{xi} - m_{yi}n_{yi})\cos 2\theta_{ij} + (m_{xi}n_{yi} + n_{xi}m_{yi})\sin 2\theta_{ij}] \quad (A.2.1\text{-}6)$$

$$A_{zx}^i = 2(n_{xi}l_{xi} + n_{yi}l_{yi} - \mu n_{zi}l_{zi}) + 4(1-\mu^2)[(n_{xi}l_{xi} - n_{yi}l_{yi})\cos 2\theta_{ij} + (n_{xi}l_{yi} + l_{xi}n_{yi})\sin 2\theta_{ij}] \quad (A.2.1\text{-}7)$$

式中：ε——序号为 i 测试钻孔中 j 测试方向中心测试孔的相对孔径变形值；

i——测试钻孔序号；

j——孔径变形计钢环序号；

θ_{ij}——序号为 i 测试钻孔中 j 测试方向钢环触头极角(°)；

$A_{xx}^i, A_{yy}^i, A_{zz}^i, A_{xy}^i, A_{yz}^i, A_{zx}^i$——序号 i 测试钻孔的应力系数；

$l_{xi}, m_{xi}, n_{xi}; l_{yi}, m_{yi}, n_{yi},; l_{zi}, m_{zi}, n_{zi}$——序号 i 测试钻孔坐标系各轴对于大地坐标系的方向余弦。

A.2.2 当只在一个测试钻孔内，进行垂直于钻孔轴线平面内各应力分量沿孔深度变化趋势分析时，作平面应力假定，各平面内的应力分量应按下式计算：

$$E\varepsilon_j = [1 + 2(1-\mu^2)\cos 2\theta_j]\sigma_x + [1 - 2(1-\mu^2)\cos 2\theta_j]\sigma_y + 4(1-\mu^2)\cos 2\theta_j\tau_{xy} \quad (A.2.2)$$

式中：ε_j——j 测试方向中心测试孔的相对孔径变形值；

$\sigma_x, \sigma_y, \tau_{xy}$——岩体平面应力分量(MPa)；

θ_j——j 测试方向钢环触头极角(°)。

A.3 孔底应变法计算

A.3.1 孔底应变法大地坐标系中空间应力分量应分别按下列公式计算：

$$E\varepsilon_{ij} = A^i_{xx}\sigma_x + A^i_{yy}\sigma_y + A^i_{zz}\sigma_z + A^i_{xy}\tau_{xy} + A^i_{yz}\tau_{yz} + A^i_{zx}\tau_{zx} \tag{A.3.1-1}$$

$$A^i_{xx} = \lambda_{i1} l^2_{xi} + \lambda_{i2} l^2_{yi} + \lambda_{i3} l^2_{zi} + \lambda_{i4} l_{xi} l_{yi} \tag{A.3.1-2}$$

$$A^i_{yy} = \lambda_{i1} m^2_{xi} + \lambda_{i2} m^2_{yi} + \lambda_{i3} m^2_{zi} + \lambda_{i4} m_{xi} m_{yi} \tag{A.3.1-3}$$

$$A^i_{zz} = \lambda_{i1} n^2_{xi} + \lambda_{i2} n^2_{yi} + \lambda_{i3} n^2_{zi} + \lambda_{i4} n_{xi} n_{yi} \tag{A.3.1-4}$$

$$A^i_{xy} = 2(\lambda_{i1} l_{xi} m_{xi} + \lambda_{i2} l_{yi} m_{yi} + \lambda_{i3} l_{zi} m_{zi}) + \lambda_{i4}(l_{xi} m_{yi} + m_{xi} l_{yi}) \tag{A.3.1-5}$$

$$A^i_{yz} = 2(\lambda_{i1} m_{xi} n_{xi} + \lambda_{i2} m_{yi} n_{yi} + \lambda_{i3} m_{zi} n_{zi}) + \lambda_{i4}(m_{xi} n_{xi} + n_{xi} m_{xi}) \tag{A.3.1-6}$$

$$A^i_{zx} = 2(\lambda_{i1} n_{xi} l_{xi} + \lambda_{i2} n_{yi} l_{yi} + \lambda_{i3} n_{zi} l_{zi}) + \lambda_{i4}(n_{xi} l_{yi} + l_{xi} n_{yi}) \tag{A.3.1-7}$$

$$\lambda_{i1} = 1.25(\cos^2\varphi_{ij} - \mu\sin^2\varphi_{ij}) \tag{A.3.1-8}$$

$$\lambda_{i2} = 1.25(\sin^2\varphi_{ij} - \mu\cos^2\varphi_{ij}) \tag{A.3.1-9}$$

$$\lambda_{i3} = -0.75(0.645 + \mu)(1 - \mu) \tag{A.3.1-10}$$

$$\lambda_{i4} = 1.25(1 + \mu)\sin 2\varphi_{ij} \tag{A.3.1-11}$$

式中： ε_{ij}——序号为 i 测试钻孔中 j 测试方向应变片的应变计算值；

i——测试钻孔序号；

j——应变丛中应变片序号；

φ_{ij}——序号为 i 测试钻孔中 j 测试方向应变片倾角(°)。

$\lambda_{i1}, \lambda_{i2}, \lambda_{i3}, \lambda_{i4}$——序号 i 测试钻孔与泊松比和应变片夹角有关的计算系数。

A. 3. 2 计算系数 λ 适用于一般的孔底应变计，也可根据试验或建立的数学模型确定计算系数。

A. 4 空间主应力参数计算

A. 4. 1 空间主应力计算应符合下列规定：

1 空间主应力应分别按下列公式计算：

$$\sigma_1 = 2\sqrt{-\frac{P}{3}}\cos\frac{\omega}{3} + \frac{1}{3}J_1 \tag{A. 4. 1-1}$$

$$\sigma_2 = 2\sqrt{-\frac{P}{3}}\cos\frac{\omega + 2\pi}{3} + \frac{1}{3}J_1 \tag{A. 4. 1-2}$$

$$\sigma_3 = 2\sqrt{-\frac{P}{3}}\cos\frac{\omega + 4\pi}{3} + \frac{1}{3}J_1 \tag{A. 4. 1-3}$$

$$\omega = \arccos\left[-\frac{Q}{2\sqrt{-\left(\frac{P}{3}\right)^3}}\right] \tag{A. 4. 1-4}$$

$$P = -\frac{1}{3}J_1^2 + J_2 \tag{A. 4. 1-5}$$

$$Q = -2\left(\frac{J_1}{3}\right)^3 + \frac{1}{3}J_1J_2 - J_3 \tag{A. 4. 1-6}$$

$$J_1 = \sigma_x + \sigma_y + \sigma_z \tag{A. 4. 1-7}$$

$$J_2 = \sigma_x\sigma_y + \sigma_y\sigma_z + \sigma_z\sigma_x - \tau_{xy}^2 - \tau_{yz}^2 - \tau_{zx}^2 \tag{A. 4. 1-8}$$

$$J_3 = \sigma_x\sigma_y\sigma_z - \sigma_x\tau_{yz}^2 - \sigma_y\tau_{zx}^2 - \sigma_z\tau_{xy}^2 - 2\tau_{xy}\tau_{yz}\tau_{zx} \tag{A. 4. 1-9}$$

式中：　$\sigma_1, \sigma_2, \sigma_3$——岩体空间主应力(MPa)；

$\omega, P, Q, J_1, J_2, J_3$——为简化应力计算公式而设置的计算代号。

2 各主应力对于大地坐标系各轴的方向余弦应分别按下列公式计算：

$$l_i = \frac{A}{\sqrt{A^2 + B^2 + C^2}} \tag{A. 4. 1-10}$$

$$m_i = \frac{B}{\sqrt{A^2 + B^2 + C^2}} \tag{A. 4. 1-11}$$

$$n_i = \frac{C}{\sqrt{A^2 + B^2 + C^2}} \quad \text{(A. 4. 1-12)}$$

$$A = \tau_{xy}\tau_{yz} - (\sigma_y - \sigma_i)\tau_{zx} \quad \text{(A. 4. 1-13)}$$

$$B = \tau_{xy}\tau_{zx} - (\sigma_x - \sigma_i)\tau_{yz} \quad \text{(A. 4. 1-14)}$$

$$C = (\sigma_x - \sigma_i)(\sigma_y - \sigma_i) - \tau_{xy}^2 \quad \text{(A. 4. 1-15)}$$

式中：l_i，m_i，n_i——各主应力对于大地坐标系各轴的方向余弦(°)；

A，B，C——为简化方向余弦计算公式而设置的计算代号。

3 各主应力方向应分别按下列公式计算：

$$\alpha_i = \arcsin n_i \quad \text{(A. 4. 1-16)}$$

$$\beta_i = \beta_0 - \arcsin\frac{m_i}{\sqrt{1 - n_i^2}} \quad \text{(A. 4. 1-17)}$$

式中：α_i——主应力 σ_i 的倾角(°)；

β_0——大地坐标系 X 轴方位角(°)；

β_i——主应力 σ_i 在水平面上投影线的方位角(°)。

A. 4. 2 按式(A. 2. 2)进行平面应力分量解时，平面主应力参数计算应符合下列规定：

1 平面主应力应分别按下列公式计算：

$$\sigma_1 = \frac{1}{2}\left[(\sigma_x + \sigma_y) + \sqrt{(\sigma_x - \sigma_y)^2 + 4\tau_{xy}^2}\right] \quad \text{(A. 4. 2-1)}$$

$$\sigma_2 = \frac{1}{2}\left[(\sigma_x + \sigma_y) - \sqrt{(\sigma_x - \sigma_y)^2 + 4\tau_{xy}^2}\right] \quad \text{(A. 4. 2-2)}$$

式中：σ_1，σ_2——岩体平面主应力(MPa)。

2 主应力方向应按下式计算：

$$\alpha = \frac{1}{2}\arctan\frac{2\tau_{xy}}{\sigma_x - \sigma_y} \quad \text{(A. 4. 2-3)}$$

式中：α——σ_1 与 X 轴夹角(°)。

本标准用词说明

1 为便于在执行本标准条文时区别对待，对要求严格程度不同的用词说明如下：

1）表示很严格，非这样做不可的：

正面词采用“必须”，反面词采用“严禁”；

2）表示严格，在正常情况下均应这样做的：

正面词采用“应”，反面词采用“不应”或“不得”；

3）表示允许稍有选择，在条件许可时首先应这样做的：

正面词采用“宜”，反面词采用“不宜”；

4）表示有选择，在一定条件下可以这样做的，采用“可”。

2 条文中指明应按其他有关标准执行的写法为：“应符合……的规定”或“应按……执行”。

引用标准名录

《土工试验方法标准》GB/T 50123

中华人民共和国国家标准

工程岩体试验方法标准

GB/T 50266 - 2013

条 文 说 明

修订说明

《工程岩体试验方法标准》GB/T 50266—2013，经住房和城乡建设部2013年1月28日以第1633号公告批准发布。

本标准是在《工程岩体试验方法标准》GB/T 50266—1999的基础上修订而成，上一版的主编单位为：水电水利规划设计总院。参加单位为：成都勘测设计研究院、中国水利水电科学研究院、长沙矿冶研究院、煤炭科学研究院、武汉岩体土力学研究所、长江科学院、黄河水利委员会勘测规划设计院、昆明勘测设计研究院、东北勘测设计院、铁道科学研究院西南研究所。主要起草人为：陈祖安、张性一、陈梦德、李迪、陈扬辉、傅冰骏、崔志莲、潘青莲、袁澄文、王永年、阎政翔、夏万仁、陈成宗、郭惠丰、吴玉山、刘永燮。

本次修订的主要内容为：1.增加了岩块冻融试验、混凝土与岩体接触面直剪试验、岩体载荷试验、水压致裂法岩体应力测试、岩体表面倾斜观测、岩体渗压观测6个试验项目；2.增加了水中称量法比重试验、千分表法单轴压缩变形试验、方形承压板法岩体变形试验3种试验方法。

为便于广大设计、施工、科研、学校等单位有关人员在使用本规范时能正确理解和执行条文规定，《工程岩体试验方法标准》编制组按章、节、条顺序编制了本规范的条文说明。对条文规定的目的、依据以及执行中需注意的有关事项进行了说明。但是，本条文说明不具备与规范正文同等的法律效力，仅供使用者作为理解和把握标准规定的参考。

目　　次

1 总　　则

1.0.1 工程岩体试验的成果，既取决于工程岩体本身的特性，又受试验方法、试件形状、测试条件和试验环境等的影响。本标准就上述内容作了统一规定，有利于提高岩石试验成果的质量，增强同类工程岩体试验成果的可比性。

1.0.2 本条由原标准适用的行业修改为适用的工程对象。考虑到各行业对工程岩体技术标准的特殊要求，各行业可根据自己的经验和要求，在本标准基础上，制定适应本行业的具体试验方法标准。

1.0.3 本次修改增加质量检验内容。

2 岩块试验

2.1 含水率试验

2.1.1 岩石含水率是岩石在105℃～110℃温度下烘至恒量时所失去的水的质量与岩石固体颗粒质量的比值，以百分数表示。

(1)岩石含水率试验，主要用于测定岩石的天然含水状态或试件在试验前后的含水状态。

(2)对于含有结晶水易逸出矿物的岩石，在未取得充分论证前，一般采用烘干温度为55℃～65℃，或在常温下采用真空抽气干燥方法。

2.1.2 在地下水丰富的地区，无法采用干钻法，本次修订允许采用湿钻法。结构面充填物的含水状态将影响其物理力学性质，本次修订增加此方法。

2.1.5 本次修订将称量控制修改为烘干时间控制。其他试验均采用烘干时间为24h，且经过论证，为统一试验方法和便于操作，含水率试验烘干时间采用24h。

2.2 颗粒密度试验

2.2.1 岩石颗粒密度是岩石在105℃～110℃温度下烘至恒量时岩石固相颗粒质量与其体积的比值。岩石颗粒密度试验除采用比重瓶法外，本次修订增加水中称量法，列入本标准第2.4节吸水性试验中。

2.2.2 本条对试件作了以下规定：

1 颗粒密度试验的试件一般采用块体密度试验后的试件粉碎成岩粉，其目的是减少岩石不均一性的影响。

2 试件粉碎后的最大粒径，不含闭合裂隙。已有实测资料表明，当最大粒径为1mm时，对试验成果影响甚微。根据国内有关规定，同时考虑我国现有技术条件，本标准规定岩石粉碎成岩粉后需全部通过0.25mm筛孔。

2.2.4 本标准只采用容积为100ml的短颈比重瓶，是考虑了岩石的不均一性和我国现有的实际条件。

2.2.6 蒸馏水密度可查物理手册；煤油密度实测。

2.3 块体密度试验

2.3.1 岩石块体密度是岩石质量与岩石体积之比。根据岩石含水状态，岩石密度可分为天然密度、烘干密度和饱和密度。

(1)选择试验方法时，主要考虑试件制备的难度和水对岩石的影响。

(2)对于不能用量积法和直接在水中称量进行测定的干缩湿胀类岩石采用密封法。选用石蜡密封试件时，由于石蜡的熔点较高，在蜡封过程中可能会引起试件含水率的变化，同时试件也会产生干缩现象，这些都将影响岩石含水率和密度测定的准确性。高分子树脂胶是在常温下使用的涂料，能确保含水量和试件体积不变，在取得经验的基础上，可以代替石蜡作为密封材料。

2.3.2 用量积法测定岩石密度，适用于能制成规则试件的各类岩石。该方法简便、成果准确、且不受环境的影响，一般采用单轴抗压强度试验试件，以利于建立各指标间的相互关系。

2.3.3 蜡封法一般用不规则试件，试件表面有明显棱角或缺陷时，对测试成果有一定影响，因此要求试件加工成浑圆状。

2.3.7 用量积法测定岩石密度时，对于具有干缩湿胀的岩石，试件体积量测在烘干前进行，避免试件烘干对计算密度的影响。

2.3.8 用蜡封法测定岩石密度时，需掌握好熔蜡温度，温度过高容易使蜡液浸入试件缝隙中；温度低了会使试件封闭不均，不易形成完整蜡膜。因此，本试验规定的熔蜡温度略高于蜡的熔点（约

57℃)。蜡的密度变化较大，在进行蜡封法试验时，需测定蜡的密度，其方法与岩石密度试验中水中称量法相同。

2.3.10 鉴于岩石属不均质体，并受节理裂隙等结构的影响，因此同组岩石的每个试件试验成果值存在一定差异。在试验成果中列出每一试件的试验值。在后面章节条文说明中，凡无计算平均值的要求，均按此条文说明，不再另行说明。

2.4 吸水性试验

2.4.1 岩石吸水率是岩石在大气压力和室温条件下吸入水的质量与岩石固体颗粒质量的比值，以百分数表示；岩石饱和吸水率是岩石在强制条件下的最大吸水量与岩石固体颗粒质量的比值，以百分数表示。

水中称量法可以连续测定岩石吸水性、块体密度、颗粒密度等指标，对简化试验步骤，建立岩石指标相关关系具有明显的优点。因此，水中称量法和比重瓶法测定岩石颗粒密度的对比试验研究，从原标准制订前至今，始终在进行。水中称量法测定岩石颗粒密度的试验方法，在土工和材料试验中，已被制订在相关的标准中。

由于在岩石中可能存在封闭空隙，水中称量法测得的岩石颗粒密度值等于或小于比重瓶法。经对比试验，饱和吸水率小于0.30%时，误差基本在0.00～0.02之间。

水中称量法测定岩石颗粒密度方法简单，精度能满足一般使用要求，本次修订将水中称量法测定岩石颗粒密度方法正式列入本标准。对于含较多封闭孔隙的岩石，仍需采用比重瓶法。

2.4.2 试件形态对岩石吸水率的试验成果有影响，不规则试件的吸水率可以是规则试件的两倍多，这和试件与水的接触面积大小有很大关系。采用单轴抗压强度试验的试件作为吸水性试验的标准试件，能与抗压强度等指标建立良好的相关关系。因此，只有在试件制备困难时，才允许采用不规则试件，但需试件为浑圆形，有一定的尺寸要求(40mm～60mm),才能确保试验成果的精度。

2.4.7 本条说明同本标准第2.3.10条的说明。

2.5 膨胀性试验

2.5.1 岩石膨胀性试验是测定岩石在吸水后膨胀的性质,主要是测定含有遇水易膨胀矿物的各类岩石,其他岩石也可采用本标准。主要包括下列内容:

(1)岩石自由膨胀率是岩石试件在浸水后产生的径向和轴向变形分别与试件原直径和高度之比,以百分数表示。

(2)岩石侧向约束膨胀率是岩石试件在有侧限条件下,轴向受有限载荷时,浸水后产生的轴向变形与试件原高度之比,以百分数表示。

(3)岩石体积不变条件下的膨胀压力是岩石试件浸水后保持原形体积不变所需的压力。

2.5.3 由于国内进行膨胀性试验采用的仪器大多为土工压缩仪,本次修订将试件尺寸修改为满足土工仪器要求,同时考虑膨胀的方向性。

2.5.7 侧向约束膨胀率试验仪中的金属套环高度需大于试件高度与二透水板厚度之和。避免由于金属套环高度不够,引起试件浸水饱和后出现三向变形。

2.5.8 岩石膨胀压力试验中,为使试件体积始终不变,需随时调节所加载荷,并在加压时扣除仪器的系统变形。

2.5.10 本条说明同本标准第2.3.10条的说明。

2.6 耐崩解性试验

2.6.1 岩石耐崩解性试验是测定岩石在经过干燥和浸水两个标准循环后,岩石残留的质量与其原质量之比,以百分数表示。岩石耐崩解性试验主要适用于在干、湿交替环境中易崩解的岩石,对于坚硬完整岩石一般不需进行此项试验。

2.7 单轴抗压强度试验

2.7.1 岩石单轴抗压强度试验是测定岩石在无侧限条件下，受轴向压力作用破坏时，单位面积上所承受的载荷。本试验采用直接压坏试件的方法来求得岩石单轴抗压强度，也可在进行岩石单轴压缩变形试验的同时，测定岩石单轴抗压强度。为了建立各指标间的关系，尽可能利用同一试件进行多种项目测试。

2.7.3 鉴于圆形试件具有轴对称特性，应力分布均匀，而且试件可直接取自钻孔岩心，在室内加工程序简单，本标准推荐圆柱体作为标准试件的形状。在没有条件加工圆柱体试件时，允许采用方柱体试件，试件高度与边长之比为2.0～2.5，并在成果中说明。

2.7.9 加载速度对岩石抗压强度测试结果有一定影响。本试验所规定的每秒0.5MPa～1.0MPa的加载速度，与当前国内外习惯使用的加载速度一致。在试验中，可根据岩石强度的高低选用上限或下限。对软弱岩石，加载速度视情况再适当降低。

根据现行国家标准《岩土工程勘察规范》GB 50021的要求，本次修订增加软化系数计算公式。由于岩石的不均一性，导致试验值存在一定的离散性，试验中软化系数可能出现大于1的现象。软化系数是统计的结果，要求试验有足够的数量，才能保证软化系数的可靠性。

2.7.10 当试件无法制成本标准要求的高径比时，按下列公式对其抗压强度进行换算：

$$R=\frac{8R'}{7+\frac{2D}{H}} \tag{1}$$

式中：R ——标准高径比试件的抗压强度；

R'——任意高径比试件的抗压强度；

D——试件直径；

H——试件高度。

2.7.11 本条说明同本标准第2.3.10条的说明。

2.8 冻融试验

2.8.1 岩石冻融试验是指岩石经过多次反复冻融后，测定其质量损失和单轴抗压强度变化，并以冻融系数表示岩石的抗冻性能。根据现行国家标准《岩土工程勘察规范》GB 50021 的要求，本次修订增加本试验。岩石冻融破坏，是由于裂隙中的水结冰后体积膨胀，从而造成岩石胀裂。当岩石吸水率小于 0.05％时，不必做冻融试验。

岩石冻融试验，本标准采用直接冻融的方法，又分慢冻和快冻两种方式。慢冻是在空气中冻 4h，水中融 4h，每一次循环为 8h；快冻是将试件放在装有水的铁盒中，铁盒放入冻融试验槽中，往槽中交替输入冷、热氯化钙溶液，使岩石冻融，每一次循环为 2h。因此，快冻较慢冻具有试验周期短、劳动强度低等优点，但需要较大的冷库和相应的设备，在目前情况下，不便普及，因此本标准推荐慢冻方式。

2.8.6 本次修订参考了混凝土试验的有关标准，冻融循环次数明确为 25 次，也可视工程需要和地区气候条件确定为 25 的倍数。

2.8.8 本条说明同本标准第 2.3.10 条说明。

2.9 单轴压缩变形试验

2.9.1 岩石单轴压缩变形试验是测定岩石在单轴压缩条件下的轴向和径向应变值，据此计算岩石弹性模量和泊松比。本次修订增列千分表法，在计算时先将变形换算成应变。

2.9.5 试验时一般采用分点测量，这样有利于检查和判断试件受力状态的偏心程度，以便及时调整试件位置，使之受力均匀。

2.9.6 采用千分表架试验时，标距一般为试件高度的一半，位于试件中部。可以根据试件高度大小和设备条件作适当调整。千分表法的测表，按经验选用百分表或千分表。

2.9.7 本试验用两种方法计算岩石弹性模量和泊松比，即岩石平均弹性模量与岩石割线弹性模量及相对应的泊松比。根据需要，可以确定任何应力下的岩石弹性模量和泊松比。

2.9.8 本条说明同本标准第2.3.10条的说明。

2.10 三轴压缩强度试验

2.10.1 岩石三轴压缩强度试验是测定一组岩石试件在不同侧压条件下的三向压缩强度，据此计算岩石在三轴压缩条件下的强度参数。本标准采用等侧压条件下的三轴试验，为三向应力状态中的特殊情况，即 $\sigma_2=\sigma_3$。在进行三轴试验的同时进行岩石单轴抗压强度、抗拉强度试验，有利于试验成果整理。

2.10.5 侧向压力值主要依据工程特性、试验内容、岩石性质以及三轴试验机性能选定。为了便于成果分析，侧压力级差可选择等差级数或等比级数。

试件采取防油措施，以避免油液渗入试件而影响试验成果。

2.10.6 为便于资料整理，本次修订补充了强度参数的计算公式。

2.11 抗拉强度试验

2.11.1 岩石抗拉强度试验是在试件直径方向上，施加一对线性载荷，使试件沿直径方向破坏，间接测定岩石的抗拉强度。本试验采用劈裂法，属间接拉伸法。

2.11.5 垫条可采用直径为4mm左右的钢丝或胶木棍，其长度大于试件厚度。垫条的硬度与岩石试件硬度相匹配，垫条硬度过大，易于贯入试件；垫条硬度过低，自身将严重变形，从而都会影响试验成果。试件最终破坏为沿试件直径贯穿破坏，如未贯穿整个截面，而是局部脱落，属无效试验。

2.11.7 本条说明同本标准第2.3.10条的说明。

2.12 直 剪 试 验

2.12.1 岩石直剪试验是将同一类型的一组岩石试件，在不同的法向载荷下进行剪切，根据库伦-奈维表达式确定岩石的抗剪强度参数。

本标准采用应力控制式的平推法直剪。完整岩石采用双面剪时，可参照本标准。

2.12.9 预定的法向应力一般是指工程设计应力。因此法向应力的选取，根据工程设计应力（或工程设计压力）、岩石或岩体的强度、岩体的应力状态以及设备的精度和出力等确定。

2.12.12 当剪切位移量不大时，剪切面积可直接采用试件剪切面积，当剪切位移量过大而影响计算精度时，采用最终的重叠剪切面积。确定剪切阶段特征点时，按现在常用的有比例极限、屈服极限、峰值强度、摩擦强度，在提供抗剪强度参数时，均需提供抗剪断的峰值强度参数值。

计算剪切载荷时，需减去滚轴排的摩阻力。

2.13 点荷载强度试验

2.13.1 岩石点荷载强度试验是将试件置于点荷载仪上下一对球端圆锥之间，施加集中载荷直至破坏，据此求得岩石点荷载强度指数和岩石点荷载强度各向异性指数。本试验是间接确定岩石强度的一种试验方法。

2.13.7 点荷载试验仪的球端的曲率半径为5mm，圆锥体顶角为60°。

2.13.8 当试件中存在弱面时，加载方向分别垂直弱面和平行弱面，以求得各向异性岩石的垂直和平行的点荷载强度。

2.13.9 修正指数 m，一般可取 0.40～0.45。也可在 $\log P \sim \log D_e^2$ 关系曲线上求取曲线的斜率 n，这时 $m=2(1-n)$。

3 岩体变形试验

3.1 承压板法试验

3.1.1 本条说明了该试验的适用范围。

(1)承压板法岩体变形试验是通过刚性或柔性承压板施力于半无限空间岩体表面，量测岩体变形，按弹性理论公式计算岩体变形参数。

(2)本次修订，根据现行国家标准《岩土工程勘察规范》GB 50021 的要求，增加了方形刚性承压板。

(3)采用刚性承压板或柔性承压板，按岩体性质和设备拥有情况选用。

(4)在露天进行试验或无法利用洞室岩壁作为反力座时，反力装置可采用地锚法或压重法，但需注意试验时的环境温度变化，以免影响试验成果。

3.1.9 由于岩体性质和试验要求不同，无法规定具体的量程和精度，因此本条只明确了试验必要的仪器和设备，以后各项试验有关仪器设备条文说明同本条说明。

3.1.10 当刚性承压板刚性不足时，采用叠置垫板的方式增加承压板刚度。

3.1.12 对均质完整岩体，板外测点一般按平行和垂直试验洞轴线布置；对具明显各向异性的岩体，一般可按平行和垂直主要结构面走向布置。

3.1.14 逐级一次循环加压时，每一循环压力需退零，使岩体充分回弹。当加压方向与地面不相垂直时，考虑安全的原因，允许保持一小压力，这时岩体回弹是不充分的，所计算的岩体弹性模量值可能偏大，在记录中予以说明。

柔性承压板中心孔法变形试验中，由于岩体中应力传递至深部，需要一定时间过程，稳定读数时间作适当延长，各测表同时读取变形稳定值。注意保护钻孔轴向位移计的引出线，不使异物掉入孔内。

3.1.15 当试点距洞口的距离大于30m时，一般可不考虑外部气温变化对试验值的影响，但避免由于人为因素（人员、照明、取暖等）造成洞内温度变化幅度过大。通常要求试验期间温度变化范围为±1℃。当试点距离洞口较近时，需采取设置隔温门等措施。

3.1.17 本条规定了试验成果整理的内容，成果整理时注意以下事项：

（1）当测表因量程不足而需调表时，需读取调表前后的稳定读数值，并在计算中减去稳定读数值之差。如在试验中，因掉块等原因引起碰动，也可按此方法进行。

（2）刚性承压板法试验，用4个测表的平均值作为岩体变形计算值。当其中一个测表因故障或其他原因被判断为失效时，需采用另一对称的两个测表的平均值作为岩体变形计算值，并予以说明。

（3）本次修订，根据现行国家标准《岩土工程勘察规范》GB 50021的要求，增加基准基床系数计算公式。

3.2 钻孔径向加压法试验

3.2.1 钻孔径向加压法试验是在岩体钻孔中的一有限长度内对孔壁施加压力，同时量测孔壁的径向变形，按弹性理论解求得岩体变形参数。

原标准名称为钻孔变形试验，为区别钻孔孔底加压法试验，本次修订改称为钻孔径向加压法试验。

3.2.4 钻孔膨胀计为柔性加压，直接或间接量测孔壁岩体变形；钻孔弹模计为刚性加压，直接量测孔壁岩体变形。本次修订增加钻孔弹模计。

3.2.7 试验最大压力系根据岩体强度、岩体应力状态、工程设计应力和设备条件确定。孔径效应问题通过增大试验压力的方法解决。

4 岩体强度试验

4.1 混凝土与岩体接触面直剪试验

4.1.1 直剪试验是将同一类型的一组试件，在不同的法向载荷下进行剪切，根据库伦-奈维表达式确定抗剪强度参数。直剪试验可分为在剪切面未受扰动的情况下进行的第一次剪断的抗剪断试验、剪断后沿剪切面继续进行剪切的抗剪试验（或称摩擦试验）、试件上不施加法向载荷的抗切试验。直剪试验可以预先选择剪切面的位置，剪切载荷可以按预定的方向施加。混凝土与岩体接触面直剪试验的最终破坏面有下列几种形式：

1)沿接触面剪断；

2)在混凝土试件内部剪断；

3)在岩体内部剪断；

4)上述三种的组合形式。

本次修订，根据现行国家标准《岩土工程勘察规范》GB 50021的要求，增加本试验。

4.1.3 本条规定了对试件的要求：

（1）本标准推荐方形（或矩形）试件。

（2）确定试件间距的最小尺寸，主要考虑在进行试验时，不致扰动两侧尚未进行试验的试件，包括基岩沉陷和裂缝开展的影响，同时要满足设备安装所需的空间。

（3）对于均匀且各向同性的岩体，推力方向也可根据试验条件确定，不必强求与建筑物推力方向一致。

以后各节均按此条文说明。

4.1.4 本条规定了对混凝土试件制备的要求：

（1）砂浆垫层一般采用将试件混凝土中粗骨料剔除后先进行

铺设,也可以采用试件混凝土配合比中水、水泥、砂的配合比单独拌制后铺设。

(2)剪切载荷平行于剪切面施加为平推法,剪切载荷与剪切面成一定角度施加为斜推法。由于平推法和斜推法两种试验方法的最终成果无明显差别,本标准仍将两种方法并列,一般可根据设备条件和经验进行选择。斜推法的推力夹角一般为 12°～25°,本标准推荐 12°～20°。

(3)混凝土或砂浆的养护包括两部分。在对混凝土试件和测定混凝土强度等级的试件养护时,在同一环境条件下进行,试验在试件混凝土达到设计强度等级后进行。安装过程中浇筑的混凝土或砂浆,达到一定强度后即可进行试验。在寒冷地区养护时,注意环境温度对混凝土的影响。

4.1.11 试件在剪切过程中,会出现上抬现象,一般称为“扩容”现象,在安装法向载荷液压千斤顶时,启动部分行程以适应试件上抬引起液压千斤顶活塞的压缩变形。

4.1.13 根据试验观测,绘制剪应力与位移关系曲线时,在试件对称部位各布置 2 只测表所取得的数据,能满足确定峰值强度的要求,还可以观测到岩体的不均一性和载荷的偏心程度。

4.1.16 本条规定了法向载荷的施加方法,并作如下说明:

(1)一组试件中,施加在剪切面上的最大法向应力,一般可定为 1.2 倍的预定法向应力。预定法向应力通常指工程设计应力或工程设计压力,在确定试验时所施加的最大法向应力时,还要考虑岩体的强度、岩体的应力状态以及设备的出力和精度。

(2)采用斜推法进行试验时,预先计算施加斜向剪切载荷在试件剪切时产生的法向分载荷,并相应减除施加在试件上的法向载荷,以保持法向应力在试验过程中始终为一常数。

(3)法向载荷施加分级为 1 级～3 级,没有考虑载荷大小和岩性因素,在实际操作中,可参考法向位移的大小进行调整。

4.1.17 本条规定了剪切载荷的施加方法,并作如下说明:

(1)由于“残余抗剪强度”在岩石力学领域中，至今概念尚不明确，试验要求“试件剪断后，应继续施加剪切载荷，直至测出趋于稳定的剪切载荷值为止”，这对取得准确的抗剪(摩擦)值有利。

(2)本标准规定直剪试验应进行抗剪断试验，建议进行抗剪(摩擦)试验，并提出相应的抗剪断峰值和抗剪(摩擦)强度参数。对于单点法试验仍继续积累资料，以利今后修改标准时使用。

4.1.20 本条规定了试验成果整理的要求，并进行下述说明：

(1)作用于剪切面上的总剪切载荷是施加的剪切载荷与滚轴排摩阻力之差。斜推法计算法向应力时，总斜向剪切载荷中不包括滚轴排的摩阻力。

(2)鉴于在剪应力与剪切位移关系曲线上确定比例极限和屈服极限的方法，至今尚未统一，有一定的随意性，本标准要求提供抗剪断峰值强度参数。

(3)抗剪值一般采用抗剪稳定值。出现峰值说明剪切面未被全部剪断，或出现新的剪断面。

4.2 岩体结构面直剪试验

4.2.3 本标准推荐方形(或矩形)试件。对于高倾角结构面，首先考虑加工方形试件，在加工方形试件确有困难而需采用楔形试件时，注意在试验过程中保持法向应力为常数。对于倾斜的结构面试件，在试件加工过程中或安装法向加载系统时，易发生位移，可以采用预留岩柱或支撑的方法固定试件，在施加法向载荷后予以去除。

4.2.12 对于具有一定厚度黏性土充填的结构面，为能在试验中施加较大的法向应力而不致挤出夹泥，可以适当加大剪切面面积。对于膨胀性较大的夹泥，可以采用预锚法。

4.3 岩体直剪试验

4.3.1 对于完整坚硬的岩体，一般采用室内三轴试验。

4.3.3 剪切缝的宽度为推力方向试件边长的5%,能够满足一般岩体的要求,也可根据岩体的不均一性,作适当调整。

4.3.10 试验过程中及时记录试件中的声响和试件周围裂缝开展情况,以供成果整理时参考。

4.3.12 岩体的强度参数一般离散性较大。在试验中,可以根据设备和岩性条件,适当加大剪切面上的最大法向应力,或增加试件的数量,以取得可靠的强度参数值。

4.4 岩体载荷试验

4.4.1 岩体载荷试验的主要目的是确定岩体的承载力。

4.4.7 由于塑性变形有一个时间积累过程,本标准规定"每级读数累计时间不小于1h"。

4.4.8 本标准确定终止试验有4种情况。第3种情况为岩体发生过大的变形(承压板直径的1/12),属于限制变形的正常使用极限状态。第4种情况为由于岩体承载力的不确定性,限于加载设备的最大出力条件,加载达不到极限载荷,这时的试验载荷若已达到岩体设计压力的2倍或超过岩体比例界限载荷的15%,试验仍有效,否则重新选择出力更大的加载设备再进行试验。

5 岩石声波测试

5.1 岩块声波速度测试

5.1.1 岩块声波速度测试是测定声波的纵、横波在试件中传播的时间，据此计算声波在岩块中的传播速度及岩块的动弹性参数。

5.1.2 本测试试件采用单轴抗压强度试验的试件，这是为了便于建立各指标间的相互关系。如只进行岩块声波速度测试，也可采用其他型式试件。

5.1.6 对换能器施加一定的压力，挤出多余的耦合剂或压紧耦合剂，是为了使换能器和岩体接触良好，减少对测试成果的影响。

5.1.9 本条说明同本标准第2.3.10条的说明。

5.2 岩体声波速度测试

5.2.1 岩体声波速度测试是利用电脉冲、电火花、锤击等方式激发声波，测试声波在岩体中的传播时间，据此计算声波在岩体中的传播速度及岩体的动弹性参数。

5.2.8 在测试过程中，横波可按下列方法判定：

(1)在岩体介质中，横波与纵波传播时间之比约为1.7。

(2)接收到的纵波频率大于横波频率。

(3)横波的振幅比纵波的振幅大。

(4)采用锤击法时，改变锤击的方向或采用换能器时，改变发射电压的极性，此时接收到的纵波相位不变，横波的相位改变180°。

(5)反复调整仪器放大器的增益和衰减挡，在荧光屏上可见到较为清晰的横波，然后加大增益，可较准确测出横波初至时间。

（6）利用专用横波换能器测定横波。

5.2.9 由于岩体完整性指数已被广泛应用于工程中，本次修订列入计算公式。

6 岩体应力测试

6.1 浅孔孔壁应变法测试

6.1.1 孔壁应变法测试采用孔壁应变计，即在钻孔孔壁粘贴电阻应变片，量测套钻解除后钻孔孔壁的岩石应变，按弹性理论建立的应变与应力之间的关系式，求出岩体内该点的空间应力参数。为防止应变计引出电缆在钻杆内被绞断，要求测试深度不大于30m。

6.1.2 如需测试原岩应力时，测点深度需超过应力扰动影响区。在地下洞室中进行测试时，测点深度一般超过洞室直径(或相应尺寸)的2倍。

6.1.3 由于工程区域构造应力场、岩体特性及边界条件等对应力测试成果有直接影响，因此需收集上述有关资料。

6.1.4 本次修订增加了空心包体式孔壁应变计，此类应变计已在工程中被广泛应用，由于岩石应变通过黏结剂和包体传递至电阻应变片，因此在对实测资料进行计算时，需引入电阻应变片并非直接粘贴在钻孔岩壁上的修正系数。修正系数一般由空心包体厂商提供。

要求各类钻头规格与应变计配套是为了减少中心测试孔安装应变计的误差，以及套钻解除后的岩心满足弹性理论中厚壁圆筒的条件。

6.1.5 由于黏结技术的进步，对于有水钻孔可以采用适用于水下黏结的黏结剂。当采用一般黏结剂时，适用在无水孔内进行测试，同时对孔壁进行干燥处理后再涂黏结剂。

6.1.8 最小套钻解除深度需超过孔底应力集中影响区，这一深度大致相当于测孔内粘贴应变计应变丛部位至解除孔孔底的距离达到解除岩心外径的1/2。为保证成果的可靠性，本次修订将解除深度定为2.0倍。

为保证测试成果的可靠性,一个测段需布置若干个测点进行测试,并保证有2个测点为有效测点,各测点尽量靠拢。

关于套钻解除过程中分级读数方法,原标准制订时有分级停钻测读和连续钻进分级测读两种方法,根据当时设备条件和测试技术水平,选择分级停钻测读。本次修订改为匀压匀速连续钻进分级测读,主要考虑:钻孔技术进步;电阻应变仪已具备自动量测和记录功能;分级读数目的是为了绘制解除曲线,两种方法均能满足;连续钻进可避免再次钻进发生冲击载荷。

6.1.9 解除后的岩心如不能在24h内进行围压加载试验,立即对其包封,防止干燥。在进行围压试验时,不允许移动测试元件位置,以保证测试成果的准确性。

6.1.10 岩石弹性模量和泊松比也可以参考室内岩块试验成果。

6.2 浅孔孔径变形法测试

6.2.1 孔径变形法测试采用孔径变形计,即在钻孔内埋设孔径变形计,量测套钻解除后钻孔孔径的变形,经换算成孔径应变后,按弹性理论建立的应变和应力之间的关系式,求出岩体内该点的平面应力参数。要求测试深度不大于30m。

6.2.2 测求岩体内某点的空间应力状态,本标准推荐前交会法,成果符合实际情况。当受条件限制时,也可采用后交会法,但需说明。

6.2.6 将变形计送入中心测试孔后,应变钢环的预压缩量控制在0.2mm~0.6mm范围内,否则需取出变形计,更换适当长度的触头重新安装。根据以往工程实测经验,在该预压范围内,一般可以满足套钻解除全过程中孔径的变化。

6.2.7 本条说明同第6.1.8条说明。

6.2.8 本条说明同第6.1.10条说明。

6.2.9 根据式(6.2.9)计算结果是中心测试孔的相对孔径变形,

为与其他测试统一，以及应力测试的习惯和计算方便，本次修订仍用应变符号 ε 表示。

6.3 浅孔孔底应变法测试

6.3.1 孔底应变计测试采用孔底应变计，即在钻孔孔底平面粘贴电阻应变片，量测套钻解除后钻孔孔底的岩石平面应变，按弹性理论建立的应变与应力之间的关系式，求出岩体内该点的平面应力参数。要求测试深度不大于 30m。

6.3.2 测求岩体内某点的空间应力状态，本标准推荐前交会法，成果符合实际情况。当受条件限制时，也可采用后交会法，但需说明。

6.3.5 清洁剂一般采用丙酮，清洗后采用风吹干或用红外线光源进行烘烤。

6.3.6 根据有关研究，在钻孔孔底平面中央 2/3 直径范围内，应力分布较为均匀，因此要求将孔底应变计内电阻片的位置准确粘贴在该范围以内。

6.3.7 解除深度在超过解除岩心直径的 0.5 以后，基本上开始不受孔底应力集中的影响，本标准确定为岩心直径的 0.8。此外，可以考虑岩心围压率定器要求的岩心长度，予以适当加长。

6.3.9 本条说明同第 6.1.10 条说明。

6.4 水压致裂法测试

6.4.1 水压致裂法测试是采用两个长约 1m 串接起来可膨胀的橡胶封隔器阻塞钻孔，形成一封闭的加压段（长约 1m），对加压段加压直致孔壁岩体产生张拉破裂，根据破裂压力等压力参数按弹性理论公式计算岩体应力参数。

本测试假定岩体为均匀和各向同性的线弹性体，岩体为非渗透性的，并假设岩体中有一个主应力分量与钻孔轴线平行。

采用水压致裂法测试岩体应力这一方法，已被广泛应用于深部岩体应力测试，1987年被国际岩石力学学会实验室和现场试验标准化委员会列为推荐方法，本次修订将此方法列入本标准。

6.4.2 本测试利用高压水直接作用于钻孔孔壁，要求岩石渗透性等级为微透水或极微透水，本标准要求岩体透水率不宜大于1Lu。

6.4.4 高压大流量水泵按岩体应力量级和岩性进行选择，一般采用最大压力为40MPa，流量不小于8L/min的水泵。当流量不够时，可以采用两台并联。

6.4.8 水压致裂法测试一般在铅垂向钻孔内进行，求得随孔深岩体应力参数的变化规律，作为建筑物布置的依据。需要进行空间应力状态测试时，可以参考有关的技术文献进行。

7 岩体观测

7.1 围岩收敛观测

7.1.1 围岩收敛观测是采用收敛计量测地下洞室围岩表面两点之间在连线(基线)方向上的相对位移,即收敛值。本观测也可用于岩体表面两点间距变化的观测。

7.1.2 本条规定了观测断面和观测点布置的基本原则:

(1)当地质条件、地下洞室尺寸和形状、施工方法已确定时,围岩位移主要受空间和时间两种因素影响。围岩位移存在"空间效应"和"时间效应",这两种效应是围岩稳定状态的重要标志,可用来判断围岩稳定性、推算位移速度和最终位移值,确定支护合理时机。

(2)根据工程经验,在一般情况下,当开挖掌子面距观测断面1.5倍~2.0倍洞径后,"空间效应"基本消除。观测断面距掌子面1.0倍洞径时,位移释放量约为总量的10%~20%,距离掌子面越远,释放量越大,因此要求测点埋设尽量接近掌子面。

(3)原标准要求断面距掌子面不宜超过0.5m,在实施过程中不易控制,本次修订改为不大于1.0m。

7.1.4 本观测推荐卷尺式收敛计,采用其他形式收敛计,可以参照本标准进行。

7.1.7 本条规定了观测步骤和观测过程中注意的问题:

(1)收敛计根据不同的尺长采用不同的恒定张力,是为了减少尺的曲率和保持曲率的相对一致,以减小观测误差。恒定张力的大小视基线长度参照收敛计的使用要求确定。

(2)观测时间间隔当观测断面距掌子面在2倍洞径范围内时,每次开挖前后需观测1次。在2倍洞径范围外时,观测时间间隔一般按收敛位移变化情况而定。

7.1.8 原标准只列出温度修正值的计算公式。本次修订后的公式，适用于任何型式收敛计的计算。

采用收敛计观测的围岩位移是两测点位移之和，可以通过近似分配计算求得各测点的位移，选择计算方法的假设需接近洞室条件。

7.2 钻孔轴向岩体位移观测

7.2.1 钻孔轴向岩体位移观测是通过位移计量测不同深度孔壁岩体沿钻孔轴线方向的位移。本标准推荐并联式或串联式采用金属杆传递位移的多点位移计。当采用其他形式位移计时，可参照本标准。

观测深度过大，将影响位移传递精度。本标准要求测试深度不宜大于60m。

7.2.4 位移观测一般采用位移传感器和读数仪进行，当位移量较大且观测方便时，也可采用百分表直接读数。

锚头种类较多，适用于各类岩体和施工条件，一般按使用经验选择。

7.3 钻孔横向岩体位移观测

7.3.1 钻孔横向岩体位移观测是采用伺服加速度式滑动测斜仪量测孔壁岩体不同深度与钻孔轴线垂直的位移。本观测按单向伺服加速度计式滑动侧斜仪编写，采用双向、三向或其他型式仪器时，可参照本标准进行。

7.3.2 超过滑移带一定深度是为保证有可靠的基准点，一般根据岩性的滑移带性质确定。当地表配合其他观测方法可以确定位移量和位移方向时，基准点也可设置在地表。

7.3.6 对于软岩或破碎岩体，也可采用砂充填间隙。在预计的位移突变段，一般采用填砂方法，以防止侧斜管发生剪断。

7.4 岩体表面倾斜观测

7.4.1 岩体表面倾斜观测是采用倾角计量测岩体表面倾斜角位移，本标准推荐便携式倾角计。由于倾角观测已被应用于工程中，且方法简便可行，本次修订增列此方法。

7.4.5 测点安装需保证测点与岩体之间不产生相对位移，并能准确反映被测岩体的位移情况。选择测点时，首先考虑基准板直接置于岩体表面，当条件不许可时，采用本条第2款的方法。

7.5 岩体渗压观测

7.5.1 岩体渗压观测是通过埋设的测压管或渗压计量测岩体内地下水的渗透压力值。岩体渗压观测是较成熟的观测方法，本次修订增列本方法。

7.5.2 本条根据岩土工程的特点确定布置原则，目的是观测建筑物的防渗或排水效果、堤坝坝基和软弱夹带下扬压力观测、边坡滑动面地下水压力观测、混凝土构筑物的静水压力观测。

7.5.4 测压管坚固耐用、观测方便、经济，但观测值具有一定的滞后性，适用在地下水较丰富部位使用。渗压计对地下水压力反应较为敏感，对工程中需要及时反映地下水压力变化部位、岩体渗透性很小的部位，以及不宜埋设测压管的部位采用渗压计。

压力表和渗压计的量程按预估的地下水最大压力选用，渗压计需有足够的富裕度。